装备科技译著出版基金

高速光子互连

High – Speed Photonics Interconnects

［加］Lukas Chrostowski（卢卡斯·赫罗斯托夫斯基）　著
［波兰］Krzysztof Iniewski（克日什托夫·印纽斯基）

郭磐　译

国防工业出版社
·北京·

著作权合同登记　图字:军－2015－012 号

图书在版编目(CIP)数据

高速光子互连／(加)卢卡斯·赫罗斯托夫斯基,
(波)克日什托夫·印纽斯基著;郭磐译. —北京:国
防工业出版社,2019.11
书名原文:High－Speed Photonics Interconnects
ISBN 978－7－118－11874－2

Ⅰ. ①高… Ⅱ. ①卢… ②克… ③郭… Ⅲ. ①光学计
算机－研究 Ⅳ. ①TP381

中国版本图书馆 CIP 数据核字(2019)第 232707 号

High－Speed Photonics Interconnects, 1st Edition
By Lukas Chrostowski, Krzysztof Iniewski
ISBN 9781466516038
Copyright 2013 by Taylor & Francis Group LLC
Authorized translation from English language edition published by CRC Press, part of Taylor & Francis Group LLC; All Rights Reserved.

※

国防工业出版社出版发行

(北京市海淀区紫竹院南路23 号　邮政编码100048)
三河市腾飞印务有限公司印刷
新华书店经售

*

开本 710×1000　1/16　印张 12¾　字数 224 千字
2019 年 11 月第 1 版第 1 次印刷　印数 1—1000 册　定价 158.00 元

(本书如有印装错误,我社负责调换)

国防书店:(010)88540777　　发行邮购:(010)88540776
发行传真:(010)88540755　　发行业务:(010)88540717

译 者 序

随着互联网、物联网、云计算等技术与应用的不断演进,芯片级的信息处理能力不断提升,信息互连的带宽需求也在不断扩大。芯片间的总带宽现已逐步扩展到了太比特/秒的范围,并将继续提高。电路级的铜互连逐渐达到了其带宽极限,为了满足芯片间通信带宽日益增长的需求,研究人员正在研究高速光互连架构的使用。与电子互连不同,光互连能够提供更高的带宽和可忽略的频率相关损耗,使得每通道数据速率可达10Gb/s以上。本书探讨了一些基于光子互连的突破性技术和应用。

本书凝聚了来自学术界和工业界诸多专家的贡献,编者更是该领域的活跃研究人员。全书汇集了关于高速光子互连各个方面的尖端研究,内容几乎全部来自对高水平的期刊论文的精心组织与编排,并补充了许多论文发表时由于篇幅限制而没有包含的详细注释和应用实例,能为读者减轻大量的文献检索与整理工作。

本书深入研究了从高速输入/输出电路的演变到光子互连封装的最新趋势等技术,讨论了与扩展I/O数据速率以及当前设计技术相关的挑战,介绍了主要的高速组件、通道特性与性能指标,详细阐述了光芯片间通信链路如何充分利用CMOS技术在适当的功率效率水平下提供更高数据速率,展示了由光子互连技术实现的众多应用。

本书为工程师、研究人员、研究生和企业家等各类读者提供了对高速光子互连领域研究动态的全方位概览。读者可以任意选读相关内容,而且参考文献详细,为读者的深入阅读和研究提供了良好的帮助。

原书有少量的文字、编号错漏以及图片的缺失,在翻译过程中进行了修正。由于译者水平有限,翻译不当或表述不清之处,恳请广大读者及专家批评指正。

郭磬

于北京理工大学

2019.05

前　言

　　集成电路规模的扩展以及计算机体系架构从单核系统到多核系统的演进，共同推动了处理能力的大幅提升，迅速将片上聚合带宽扩展到了太比特/秒量级，因此，必须相应地提高芯片间的数据传输量，使其不会限制整个系统的性能。提高芯片间通信带宽的两种常规方法包括提高每通道数据速率以及 I/O 数量。本书讨论了与扩展 I/O 数据速率相关的挑战以及当前的设计技术，描述了主要的高速组件、通道特性和性能指标。

　　不断增长的芯片间通信带宽需求促使人们研究使用光互连架构来取代通道受限的电子学互连架构。光互连以其低至可忽略的频率相关损耗和高带宽的优势，为在单通道数据速率超过 10Gb/s 时实现显著的功率效率提升提供了可行的替代方案。这激发了人们对适用于与 CMOS 芯片高密度集成的光互连技术的广泛研究。本书详细介绍了配置在适当功率效率水平下，芯片间光通信链路是如何具有充分利用 CMOS 技术所提供的更高数据速率的潜力的。

Lukas Chrostowski

不列颠哥伦比亚大学

Kris Iniewski

加拿大 CMOS 新兴技术研究所

V

目　录

第1章 用于计算平台的高能效光子互连

Odile Liboiron – Ladouceur, Nicola Andriolli,

Isabella Cerutti, Piero Castoldi, Pier Giorgio Raponi

1.1 引 言

集成电路技术的持续进步已经实现了令人印象深刻的数据处理和存储能力。虽然集成度的提升一直紧跟摩尔定律(每18～24个月单位芯片面积上的器件数量翻倍),但是单个计算系统的性能基本上达到了功率墙(Power Wall)[28]。为了提升计算性能,在处理器级和系统级都利用了显式并行性来实现高性能计算平台。

不同类型的计算平台提供了巨大的计算和存储能力,适合于科学和商业应用。一个显著的例子就是超级计算机——最快的计算平台,在物理、天文、数学和生命科学领域用于运行高度计算密集型应用程序[25]。另一个相关的例子是受互联网的发展驱动而出现的数据中心和服务器集群。数据中心不仅能够为连接到互联网的用户快速检索存储的信息,而且还可以支持提供计算和存储服务的高级应用程序(如云计算)。为了支持这些应用而不断增长的对信息和计算能力的需求,正在推动着由并行化带来的性能提升。

并行处理允许应用程序任务在多个不同的处理器之间并行执行,导致执行时间的减少和计算平台利用率的增加。为了发挥这些优点,计算系统应当通过大容量互连网络互连。在当前部署的数据中心和服务器集群中,通过密集集群化数千台同构服务器来实现并行处理[3]。服务器类型取决于计算平台类型,高端服务器或更常见的商用计算机都有采用。通常,托管几十个服务器的众多机架通过机架交换机连接,机架交换机又连接到集群交换机,如图1.1所示,以便每个服务器都可以与其他服务器通信。通信基础设施通常包括基于以太网(用于较低成本和灵活性)或Infiniband协议(用于较高性能)的电子交换机。类似地,在超级计算机中,需要具有高吞吐量和低延迟的互连网络来连接数千个计算节点[6]。最近,两个最卓越的计算平台——数据中心和超级计算机之间的区别已经变得模糊。实际上,通过云计算并行运行任务,高性能的科学计算已经在数据中心上得到了演示验证,但是通信基础设施的性能还落后于期望[45]。实际上,高性能计算对高吞吐量和低等待时间的性能要求是尤其严格的。

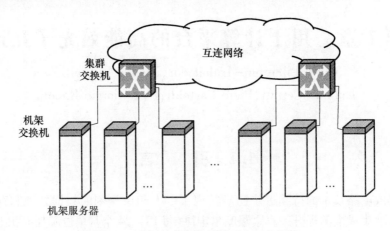

图 1.1　通用的高性能计算平台互连网络

在过去的十年中,计算基础设施的主要瓶颈已经从计算节点转移到通信基础设施的性能上[15]。随着计算平台规模(服务器数量和计算能力)的增加,高吞吐量和低等待时间的要求变得更加难以实现。实际上,电子交换机的带宽受限于传输线路速率,而端口的数量也仅能够扩展到每个交换机几百个。为了克服这些限制,需要两级或更多级别的互连(一个机架内以及一个或多个机架间的级别),以实现所有服务器之间的完全连接。然而,机架间级别的对分带宽通常限于总通信带宽的一小部分。因此,为了满足吞吐量和延迟要求,需要提供更高程度的端口和线路速率可缩展性方面的创新互连解决方案。

计算平台体量的增加还会导致功耗的显著增加,这可能严重阻碍规模的进一步扩展[28]。目前,大型计算平台的功耗正以高速率增长,年增长率对于数据中心来说大约 15% ~20%[5,7],对于超级计算机可高达 50%[26]。根据最近的研究[17],全球数据中心的总功耗已经达到阿根廷或荷兰等整个国家的功耗水平。在数据中心内,假设服务器被充分利用,通信基础设施估计消耗大约 10% 的总功率[1]。然而,这种假设在当今的计算平台中不太可能发生,因为增加了冗余以确保在失败的情况下的良好性能,服务器通常未被充分利用,特别是在由商品化硬件制成的计算平台中[3]。当考虑到最近为了使服务器更加能量比例化(功率消耗与利用率成比例)所做出的设计改进,网络功耗预期最高可达到总功耗 50% 的水平[1]。因此,需要寻求高能效和能量比例化的互连解决方案。

本章介绍了光子技术如何帮助当今用于计算平台的互连网络来应对两个关

2

键挑战:规模缩放能力和能量效率。在 1.2 节中介绍和讨论适用于连接和替代电子交换机的最先进的光子技术。特别地,提出了利用光子器件实现的互连网络,用于在计算平台的计算节点或服务器之间光学交换数据。在 1.3 节中提出并举例解释了用于提高可缩展性和能量效率的基本策略。最后,在 1.4 节,利用从 RODIN① 项目得到的最新研究成果建立了一个案例研究,来验证该策略以及用于下一代计算平台的光互连网络的潜在优势。

1.2　计算平台中的光子技术解决方案

为了突破电子学的限制,用于替代每个点对点链路或替换整个电子交换架构的光子技术解决方案已被提出。光子通信系统的优势已经显现,能够实现大的通信容量,具有低衰减和串扰的特点,并可受益于光学物理层的数据速率透明性。这些特点使得光子点对点链路成为了当今电子交换机互连铜缆的优秀替代品。事实上,光子点对点链路已经在新一代的计算平台中被高度使用[29]。覆盖距离取决于系统内的互连水平(图 1.1)。使用多模光纤链路可以实现高达几百米的机架间互连。然而,交换仍然在电子域进行。

为了缓解当前电子交换的限制,在光互连网络中引入光学交换已经由科学界提出,并且已经显示出可实现比电子交换机更高的可缩展性和吞吐量[14,39]。然而,由于缺乏有效的全光缓冲与处理解决方案以及不可忽略的功率消耗,全光互连的设计和实现仍然具有挑战性[49]。

本节介绍了点对点链路和互连网络的可用光子解决方案,光子互连网络的架构设计和控制策略。

1.2.1　光子点对点链路

与电气链路相比,光子点对点链路实现了更大的聚合带宽 - 距离积,可以增加通信容量和覆盖范围。电信通信系统已可以利用高达 10^6(Gb/s)·m 量级的聚合带宽 - 距离积的这一属性[10,53]。在计算平台中,共享元件的数量和它们的物理分离距离迫使在光子技术的研发路线中对待带宽密度要求变得与聚合带宽

---

　　① RODIN("Reti Ottiche Di INterconnessione scalabili ad alta efficienza energetica"——"Réseaux Optiques D' INterconnexions extensibles à haute efficacité énergétique")是由意大利外交部(Ministry of Foreign Affairs, MAE)国家体系推广以及魁北克省经济发展、革新、出口部(Ministère du Développement Économique, de l' Innovation et de l' Exportation, MDEIE)的探索和创新研究支持计划(Programme de Soutien à la Recherche, PSR)——国际研究和创新支持举措(Soutien à des Initiatives Internationales de Recherche et d' Innovation, SIIRI)共同资助的意大利和魁北克省之间的高相关性双边项目。

一样重要。

光子点对点链路包括由相关电路(如驱动器)调制的光源、光学信道和带有相关电路(如跨阻放大器)的光电探测器。为了更好的能量效率,更希望能选用不需要很耗电的时钟恢复、SerDes 或数模转换器(Digital to Analog Converter, DAC)和模数转换器(Analog to Digital Converter, ADC)的光子点对点链路。因此,调制的数据速率通常限于电线路速率,并且有时不被重新同步。基于非制冷垂直腔面发射激光器(Vertical Cavity Surface Emitting Laser, VCSEL)的光源用于多芯光纤(如带状光纤或多光纤阵列)的空间通信,其中每个光纤芯承载一个光学载波。具有紧凑、低成本和高能效优点的调制 VCSEL 光源已被证明能够满足 25Gb/s 的电子线路速率[24,29]。多模传输后,PIN 光电探测器将信号转换回电子域。近年来,光有源电缆(Optical Active Cable, OAC)已经被大量使用,并已成为顶级超级计算机的卓越解决方案[48]。OAC 集成了光电(Optoelectrical, OE)组件,使它们与服务器主板和电子交换机端口边缘的电气接口兼容。此外,OAC 的研发能够兼容最新的互连协议,如 4x QDR Infiniband[41]。计算平台内引入的光学也被进一步推进到服务器内部:使用光学引擎[42]或基于模块的互连消除了处理器和电路板边缘之间带宽限制的电子波导[46]。实际上,表面安装的收发器可以放置在处理器或其他共享元件的附近。通过将 OE 元件与相关电路在同一衬底上进行单片集成,可以进一步提高数据速率和能量效率[38]。

随着计算平台规模的扩大,光子点对点链路也必须扩展到更大的聚合带宽密度。因此,在传输链路中必须采用波分复用(Wavelength - Division Multiplexing, WDM)技术。作为另外的选择,空分复用中多芯光纤的开发和模分复用中的多模调制近来都已引起了研究界的极大兴趣[12]。虽然复调制格式(如 OFDM 和高阶调制)也可以增加带宽,但是是以复杂度和更大的数据处理功耗为代价的。尽管目前的技术取得了一定进展,但由于链路终端处需要耗电的信号转换,光子点对点链路的功耗仍然是一个挑战[28]。此外,采用光子点对点链路的通信基础设施整体的可缩展性仍受到电子交换机的处理和开关速度的限制。为了克服这些问题,可将光子技术用于在互连网络中交换数据,来实现更高能效的计算平台。

1.2.2　单平面光子互连网络

光子互连网络是作为对当今电子交换机的替代和改进被提出的。它们提供计算平台的所有共享元件(如处理器、存储元件)之间的连接并且允许在光域中交换。共享元件可以以不同的方式彼此通信,包括通过一个分配的时间间隔来交换数据包(时域)、一个指定的链路(空间域)或一个光学带宽波段(波长域)。

通过利用单个域进行交换,即可以实现单平面架构。域的三维表示如图 1.2
所示。

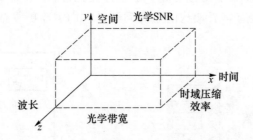

图 1.2　3 个交换域及其各自的可缩展性限制

(引自 O. Liboiron – Ladouceuretal. ,IEEE/OSA Journal of Optical
Communication and Networking,vol. 3 ,no. 8 ,pp. A1 – A11 ,2011. 已获授权)

1.2.2.1　空间交换

　　基于空间域的光交换利用了通过多个不同的可用数据路径之一将光信号路
由到其目的地的能力[11],建立了专用物理路径,以允许无阻塞的并发传输。空
间交换域中的路径是通过适当地设置光子器件来作为原子开关(如基于 Mach –
Zehnder 的开关)或门控元件(如半导体光放大器,Semiconductor Optical Ampli-
fers ,SOA)来建立的[51]。光信号穿过光子器件时经历的光功率损耗可以通过光
学放大来补偿。在这方面,SOA 是个有趣的可用器件,因为它们既能提供宽的
增益带宽,又能提供快速的开关时间。随着放大自发发射(Amplified Spontane-
ous Emission, ASE)噪声的累积,空间域的可缩展性的限制取决于特定的数据速
率和调制格式下光电探测器所需的最小光学信噪比(Optical Signal – to – Noise
Ratio ,OSNR)。空间域及其局限性边界在图 1.2 中由 y 轴表示。

　　许多利用空间交换的架构已经被提出[11,15]。在单级架构中,光学路径穿过
单个开关元件。一种可行的解决方案是将光信号广播到多个目的地,然后多个
目的地仅选择期望的信号并丢弃不想要的副本。这种广播和选择类型的架构通
常用于单平面、单级光互连网络[23,35]。在单平面架构中,缓冲在输入队列(Input
Queue, IQ)中的数据包,被从所有的 N 个输入端口发送和交换到所有的 N 个输
出端口中。一个基于 Spanke 架构的 1024 × 1024 广播和选择光开关的可能实现
如图 1.3 所示,并在文献[33]中有具体描述。广播和选择交换机的二叉树结构
利用了 SOA 的选通特性。空间交换的扩展可以通过增加二叉树结构实现,还可
以通过增加中间放大级来实现,但需要在级联功率分配器之后维持放大后光
信号功率达到最大可接受的 OSNR 下降水平。这种单级 Spanke 架构的缺点

是需要大量的选通和放大元件。为了缓解这一问题,可以采用多级架构(如 Benes、Clos),使光信号通过多个级联开关元件路由,减少开关或选通元件的总数[8,51]。此外,多级架构通常基于小型开关元件,通常为 2×2,从而简化了总体实现。各种现有多级架构的主要问题是它们需要更复杂的控制来路由所有数据包[15]。

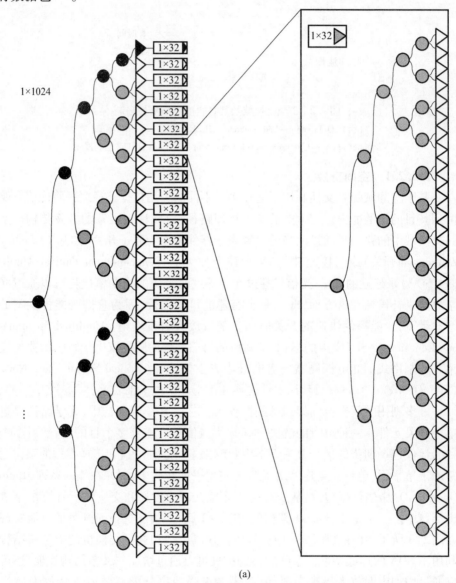

(a)

6

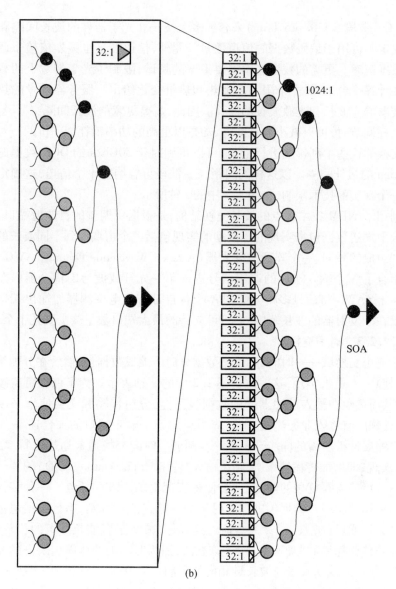

(b)

图 1.3　基于 Spanke 架构的 1024×1024 广播和选择光开关示意图

（a）1×1024 的广播及选择型光学空间开关；（b）1024:1 的广播及选择型光耦合器。

（引自 O. Liboiron Ladouceuretal. ，IEEE Journal of Selected Topicsin Quantum

Electronics，vol. 17，no. 2，pp. 377 – 383，2011. 已获授权）

1.2.2.2　波长交换

第二种交换域——波长，其利用光学领域的能力通过 WDM 来容纳电磁频谱中的多个波长。为了利用光学领域天然的并行性质，使用光子器件的光学带宽(如 C - 波段,1530～1570nm)来容纳多个波长。光子器件的波长间隔和光学带宽决定了可用于编码数据的信道数量。此外,信道数量也强烈依赖于调制格式和数据速率。更高的数据速率需要更宽的频谱,限制了光学带宽上的载波数量。在计算平台中,另一个限制由加热和热量变化给出。服务器散发的热量导致滤波器响应波长和光源波长的漂移。因此,需要更宽的波长间隔[52]。当使用复杂消耗调节时,可以减小波长间隔,却是以更高的功率消耗为代价。对于高能效交换的这些不利影响进行平衡,可以得到对于 50Gb/s 的 OOK 数据速率来说 3.2nm 的最佳间隔。以这样的间距,C - 波段可容纳数十个信道,这确定了波长域一个现实的技术限制,如图 1.2 中的 z 轴所示。

利用了 WDM 技术优点的波长交换结构,是根据所期望的目的地端口,在不同波长上发送数据包来实现的。典型的实现包括一个由调谐到不同波长的固定激光器组成的阵列、一个阵列波导光栅(Arrayed Waveguide Grating, AWG)或者一个组合了 N 个输入端口的调制信号进入单一光纤或波导的耦合器。在目的地,另一个 AWG 将信号多路分解到 N 个各自带有光电探测器的输出端口。限制因素在于发射器的波长范围,会将可支持的最大端口数量减少到几十个[19]。

1.2.2.3　时间交换

第三个交换域——时间,利用把数据分时压缩成数据包,然后在分配给目的地的时隙中发送来实现,这一维由图 1.2 中的 x 轴表示。为了保证可持续的吞吐量,从而避免在输入缓冲器处的数据包丢弃,分组传输和交换速率必须足够快,以处理所有输入业务流量,即它应当至少等于输入端口的聚合速率[11]。时域的可缩展性被所需的同步开销进一步削弱。时间交换通常通过比特率的"加速"来实现,即增加传输速率[16]。在输入/输出(Input/Output, I/O)的片外处理器接口处可能需要复杂的调制方式,使得实现更加困难和耗电。一种替代解决方案是利用波长域对数据包进行分时压缩。通过波长分割,串行数据包被映射到多个并行通道(波长)[20,32,43]。通过这样做,减少了多波长分组的传输时间,而不需要传输速率的"加速"。对于该方法,因为时间上的压缩由所需的光学带宽确定,所以时域受到了与波长域相同的限制。

在时间交换单平面架构中,数据包的传输组织在时间帧中。每个时间帧被划分为与输出端口数量相等的多个时隙,并且每个输出端口由时间帧内的时隙位置来标识。通常在每个时隙发送一个数据包。数据包存储在电子缓冲器中,直到其目的地有一个时隙可用。在一个时间交换架构的典型实现中,来自 N 个输入端口的调制光信号被通过耦合器组合到同一光纤或波导上。在接收端,光信号被广播到所有 N 个输出端口。选通元件(如 SOA)会被插入到每个输出端口的光电探测器之前,以阻挡除所期望时隙之外的光信号。

1.2.3　多平面光子互连网络

为了克服仅使用一个交换域(图1.2)所带来的规模缩放能力限制,可以利用多个交换域来设计多平面架构。多平面架构以分层和模块化方式组织:互连网络由多个卡组成,每个卡配备很多个端口。一个给定卡中的输出端口使用一个域进行寻址,而输出卡本身使用另一个域进行寻址,如图1.4(a)所示。因为服务器通常一起组合在机架中,所以多平面架构的模块化在计算平台中非常有用,如图1.1所示。

为了充分利用多平面架构中的交换域,有必要开展架构和控制策略设计,来满足由当前计算平台的性能增长所带来的功耗[6,40,49,50]与可缩展性[28]要求。在文献[19,33,34,44]中已经提出和研究了两种槽式多平面架构。在这两种架构中,输出卡的选择基于空间交换,输出端口的选择使用波长或时域交换,这就分别形成了空间－波长(Space－Wavelength,SW)和空间－时间(Space－Time,ST)架构。多平面架构能够突破两个单一交换域的限制,因此,能具有比单平面架构更好的可缩展性。实际上,在如图1.4(b)所示的SW架构中,由最小所需OSNR限制的空间域吞吐量的可缩展性被波长域进一步提升。同样地,时域的可缩展性也可在ST架构中得到增强,如图1.4(c)所示。SW架构可以利用前沿光子器件以不同的方式实现[19,33,44]。由于物理层性能受实现的影响,所以整体的可缩展性的限制也取决于实现。在ST架构中,可以使用波长分割技术[34],其可缩展性主要受限于所使用的波长分割技术的物理层性能。

多平面架构中两个交换域的控制都由调度器来完成。调度器在每个时隙进行调度决策。在单平面光互连网络中也需要调度器,但是有限的扩展性和更简单的实现使得调度问题更容易解决。在多平面架构中,需要跨越很多个卡来进行调度决策。并且,调度问题还应该考虑两个不同的交换域,这就对决策问题引入了附加的约束。单个集中式调度器[36]可以从每个卡收集缓冲信息(如存储的分组数量或较早分组的生成时间),并在考虑域约束的同时采取最优调度决策。然而,由于最优调度决策是计算密集型和耗时的,特别是当端口数量增加时,所以集中式调度器会受到可缩展性问题的制约。为了在多平面架构中克服这个问题,提出了一种基于两步法的分布式同步调度器,称为两步调度器(Two－Step Schedule,TSS)[44]。TSS通过将分组传输的调度分解为两个相继的步骤来解决这一问题,分别由卡内调度器和卡间调度器来执行。卡内调度器基于每个输入端口处的队列状态在每个卡上独立运行,而不需要任何全局信息。具体来说,每个卡内调度器为卡上的所有输入端口决定合适的输出端口编号。基于卡内调度器所做的决定,单个的卡间调度器为每个输入端口选择最合适的输出卡。根据

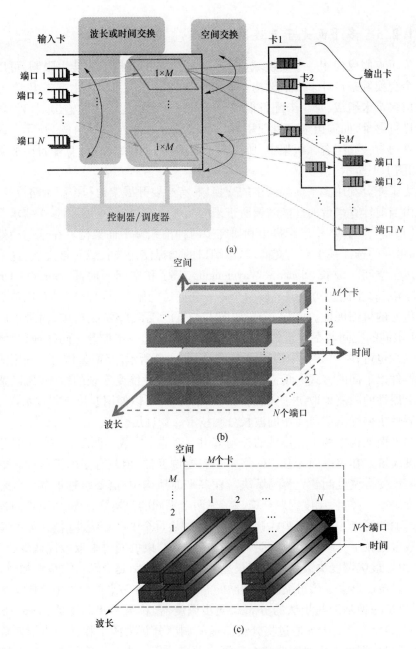

图 1.4 （a）多平面交换架构,（b）多平面切换:空间－波长架构,
（c）多平面切换:空间－时间架构

（引自 O. Liboiron－Ladouceuretal, IEEE/OSA Journal of Optical
Communication and Networking,vol. 3, no. 8, pp. A1－A11,2011. 已获授权）

控制器的决策,架构会在每个时隙适当地进行重新配置。相对于单步调度器,TSS方法的优点是减少了问题复杂性以及大规模网络中传入数据包所经历的延迟时间。此外,TSS方法允许调度操作的并行化,可实现更快的计算和更高的可缩展性。

1.3　高能效光子互连网络

光子互连网络仍处于其初始部署阶段,因此,在改善互连网络以及最终的计算平台的能量效率方面存在显著的创新机会。为了提高光互连网络的能量效率,不同的策略可以以独立或联合的方式加以探索。首先,光子系统和互连架构的仔细设计以及对组成光子器件的仔细选择可以实现最大功率消耗的显著降低,同时满足吞吐量和可缩展性要求。此外,使计算平台的功耗与其利用率有效地成比例,即实现能量比例性,也变得很重要。因此,在光子互连的运行中需要采用功率节省策略。最后,至关重要的是,在部署大规模互连时,能量效率和可缩展性的概念仍然是彼此耦合的。通过一些实例讨论了用于提高光子互连网络能量效率的不同策略。

1.3.1　高能效器件

设计光子互连网络时,提高能效的第一步是选择具有低功耗表现的光子器件。为此,应考虑3个重要特征:用于器件优化和集成的技术可用性、器件的热敏感性和冷却需求,以及有源光子器件中低功耗空闲状态的存在。

用于制造光子器件的技术会影响其运行时的功率需求。然而,驱动和控制光子器件所必需的电子器件也是功耗的主要贡献者。例如,调制器之类的光学调制器需要具有大增益的电子放大器,来为电光效应提供所需的电压摆幅。直接调制的光源(如VCSEL)或光学放大器(如SOA)需要电流驱动器以提供光学增益。最后,光电探测器也包括电子的放大器及比较器。最近的研究表明,实际上在多平面光网络架构中,电子器件消耗的功率可能与光学器件消耗的一样高[9]。但是CMOS制造平台的最新进展,使得光子器件和相关电路的集成成为可能,整体功耗有望通过开发出更高效的器件来降低[2,38]。而且,虽然调制器、放大器和光电探测器之类的有源器件在光子互连中是必需的,但是在可能的情况下应当尽量采用滤波器、耦合器和延迟线等无源器件,因为它们不消耗任何能量。此外,能提供最低传输损耗的技术应与设计的优化一起考虑,以最小化插入损耗。

通常需要热冷却来限制光子器件中的波长漂移和其他不期望的物理效应,

特别是在基于 WDM 的系统中。排热是一种高耗能的过程,通常估计对于每产生 1W 的功率,几乎就要消耗 1W 用于热冷却[21]。因此,在可能的情况下,强烈建议选择无需制冷的器件,以减少最大功率消耗,并可省大量的能量。或者,应当优先选择更不易受热漂移影响的系统,因此评估光子互连的热灵敏度性能也是有必要的。

作为移动数据通信领域的先驱,采用功能有限的低功耗模式,可以显著减少计算平台的无效能量利用率。类似地,将低功耗模式应用于互连网络也将是合适的。因此,光子器件应当被设计或使能,以更低功耗来支持这种工作模式。低功耗模式的一个示例是禁用了器件功能的空闲模式。在空闲模式中,功率消耗应该是可忽略的,但是固有的功率泄漏以及为了保持器件可激活而消耗的功率也会使得空闲功率相当可观,并且如果使用大量空闲器件,仍然会对总功耗有显著影响[8]。因此,应该开发以最小化空闲状态功耗为目的的技术。此外,应该确保活动与空闲状态之间的快速转换,以最小化延时开销。

1.3.2 系统和架构的高能效设计

光子互连网络的系统和架构设计,应当以确保期望的性能具有最低功耗为目标来进行。通常,通过最少化所需光学器件的数量来实现功耗的最小化。然而,当一些光子器件可被设置为空闲状态或者同一架构可以采用不同的光子器件来实现时,对最高能效设计的评估并不是那么简单。

系统的能效可通过利用无源光子器件替代电子或光子有源器件来进一步提升。例如,生成 WDM 数据包的传统方法是每个波长使用一个调制器 – 光电探测器对。作为替代,通过一种新提出的波长 – 条纹方法[32],利用延迟线,单个调制器 – 光电探测器对加上相关电路就足以将一系列数据包分配到多个波长上。功率的降低是通过采用如滤光片和延迟线等无源光子器件替代有源器件来实现的。然而,无源器件必须具有低的传输损耗,以确保其实用性。基于氮化硅技术最新进展提供了非常低的传输损耗和弯曲损耗[4,37],使其成为了可能。但是,必须在选择高能效器件的结构设计与性能之间小心地平衡。仅采用无源器件来设计系统和架构,可能会需要放大器来补偿光功率损耗,而导致高的功率消耗。因此,需要在系统或架构级别进行能效的综合评估与优化。例如,将 SOA 作为放大器和选通元件进行双重利用,实现了高能效设计[33]。此外,SOA 作为开关已被证明可在亚纳秒范围内切换[18,30,31],可以应用于快速可重配置的广播及选择空间开关[23,35]。尽管相对于其他门控元件来说 SOA 是耗电的,但由于其具有内置放大能力,所以无需用于补偿空间开关功率损耗的额外器件。

当同一基础互连架构可以推导出不同的设计时,只有在评估了所有可选设计的功耗之后,才能发现最高能效的设计。Cerutti 等给出了架构设计的一个例子[9],提出了空间－波长(Space－Wavelength, SW)多平面互连网络的 3 种不同实施方式。实现的类型和所采用的器件数量都有所不同。能实现最高能效的是那些对加热的负面影响较不敏感、不需要热控制的方案。而只有在评估了物理层性能,并计算了所需的光放大器功耗之后,才能从中找到能效最高的一种方案。

1.3.3　能量的高效利用

对能量效率的追求还应着眼于对光子互连网络的充分利用,通过最小化互连端口之间传输和交换数据时消耗的功率来实现。首先,光子器件的运行条件应针对功耗进行优化。例如,在点对点的光子互连中,可以以最小化调制器－光电探测器对的功耗为目的,对激光器产生的光功率进行优化,如 Cho 等的文献所示[13]。优化需要考虑物理损伤、光功率损耗、传输速率和器件参数,并且必须保证足够的物理层性能。

能量的高效利用需要考虑的另一个基本方面是互连网络的利用水平。由于为了确保可靠性,相对于其计算容量来说,计算平台并没有得到充分利用,所以互连基础设施的容量也没有充分利用,并且会随时间波动。即使没有高能效的利用,光子互连网络的耗电量也会独立于利用率水平而保持不变。为了避免浪费能源,能量的高效利用应着眼于始终保持光子互连网络工作在完全利用的条件下,或者确保互连光子器件仅在使用时消耗功率。在其他应用场合中,保证能量比例化的不同方法也已经被提出(例如,用于接入网络[27]和电子互连网络[47])。在计算平台中的光子互连网络这一特定情况下,适应性必须是瞬时的,并具有非常小的开销或性能损失。因此,互连网络应表现出的能量的高效利用,面对的是利用率的不可知,以及对调度器控制的可能性。

使互连网络工作于完全利用的情况下是相当繁琐的。如果服务器(或计算节点)产生了有限量的数据流量需要被切换,那么仅当多个服务器的流量在输入(输出)端口聚合(分解)时,互连网络才可以工作于完全利用的状态,例如多个服务器必须连接到相同的输入/输出口。这可以通过精心规划通信基础设施来实现,采用最小数目的互连网络,并使每一个都工作在接近充分利用的状态。或者,可以利用动态规划的方法,迁移处理作业到更少的服务器中,从而可以关闭未使用的服务器和互连[22]。然而,一些问题的存在使得这些技术的应用颇具难度。首先,由于聚合层和工作状态要求的引入,这些基础设施的规划可能会复杂到难以实现。实际上,规划应确保每个互连网络工作在接近充分利用的状态,并且不能超过最大利用率——一种在流量动态变化的条件下很难实现的情况。

此外,接近最大利用率时,缓冲器中的数据包花费的等待时间和相应的丢包概率,可能会增长到超过可容忍的程度。

因此,在任何利用水平下,通过使用最少的能量传输和切换数据来实现光子互连的能量有效利用是更好的选择。换句话说,其目的是确保所消耗的能量正比于数据交换量,即光子互连是能耗比例化的。理想情况下,功率消耗应随利用率线性变化,并且在不使用时为零。实现能耗比例化的一种方法是设置未使用的器件到空闲状态。一个例子是在文献[33]中所提出的基于 SOA 的空间开关,其空闲状态可由发送的数据自动使能或者是由调度器来设置(图1.5)。带有自动使能技术的 SOA 的能量有效利用具有两个主要优点。第一,SOA 使能技术可以工作于亚纳秒量级[30,31],这就允许以最小的性能损失从空闲状态到激活状态或者反方向的快速过渡。因此,空间开关可以紧随业务流量的变化,并可以迅速地调整其配置到能耗比例化更佳的状态。第二,不需要额外的电子控制来使能SOA,从而不会因电子控制消耗额外的功率。

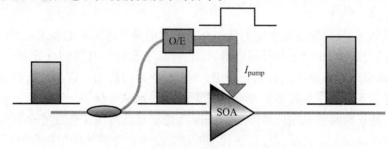

图1.5   能耗比例化的 SOA 门控开关

(引自 O. Liboiron – Ladouceuretal. ,IEEE/OSA Journal of Optical
Communicationand Networking,vol. 3 ,no. 8 ,pp. A1 – A11 ,2011. 已获授权)

在实践中,由于在空闲状态下不可忽略的功率消耗、功率泄漏以及一些器件中很难或无法使能空闲模式等原因,理想的能量比例化是很难实现的。例如,SOA 在空闲时也会消耗少量的功率。对于由多个 SOA 组成的空间开关,再用其形成了更大规模的互连,这样的功率量就变得不可小视了[8]。另一个问题是光学功率源,它们通常都不能做到能量比例化。事实上,保持光功率源一直开启是首选的,这样可以保持波长稳定性不是瞬时的,避免造成性能损失。

1.3.4   高能效的可缩展性

光子互连网络高能效的实现,不仅应面向所有的利用率水平,而且应面向互连网络的所有规模,即对任何数量的端口或卡都能保持高能效。换句话说,其目标是实现一个可缩展的能量比例化:应对任何互连规模都保持能量比例化的要求,并且在规模缩放时每比特消耗的能量应该保持不变。理想情况下,一个可缩展的能量比例化互连,每比特应消耗相同的能量,与利用率水平和互连规模无关。

缩放互连网络的规模理论上甚至可以导致每比特能耗的降低。作为一个例子,考虑一个用于放大由许多光源产生的光信号的放大器。当增加光源数量时,所支持的比特率会随光源的数量成比例地增加,但由光放大器消耗功率可被认为是恒定的。其结果是,当以这种方式扩展数据吞吐量时,每比特的能量将下降。这种每比特能量的下降,对于无法实现能量比例化的光子器件如激光器是特别有利的。

在实践中,可缩展的能量比例化是很难实现的。主要的原因是,光子器件数目可能不与端口数量成线性比例。一个众所周知的例子是空间开关,其开关元件数量随端口数的增加是远超线性(甚至二次)的关系[8]。继而后果是,互连网络的整体功耗以相同的趋势增加,也导致在所有的利用率水平上每比特能量增加。

为了对比器件的数量随互连网络规模的急剧增长,有必要采取在 1.3.2 节中讨论的高能效设计技术。相同互连架构的替代实现方式可能会有更好的可缩展性,并实现更好的能量成比例化扩展能力。

1.4 RODIN:最佳实践范例

本节提供了两个光子互连架构,都利用了前面章节中讨论的原理和方法。两个多平面架构可提供高吞吐量和可缩展性,它是 RODIN 探索互连网络光交换技术的研究项目所开发的。这两种架构都利用空间域进行卡的寻址,并在波长或时间域来进行端口寻址(图 1.4(a))。在本节的末尾,对它们的能量效率进行了量化和讨论。

1.4.1 空间 - 波长(SW)和空间 - 时间(ST)交换架构

所要实现的空间 - 波长(Space - Wavelength, SW)架构如图 1.6 所示。每个卡配有 N 个发射不同波长的固定激光器。每个激光器连接到一个调制器,然后导入到 $1 \times M$ 的基于 SOA 的如 1.2.2 节所讨论的树形拓扑结构实现的光学空间开关中。在每一张卡上,具有 N 个输入队列的交叉点开关,将输入端口连接到指定的工作在不同波长的调制器上。根据目的地卡的不同,$1 \times M$ 空间开关的输出被通过阵列波导光栅(Arrayed Waveguide Grating, AWG)组合在一起。在背板交换结构中,具有相同目的地输出卡的所有 AWG 的输出通过一个集成了用于补偿损耗的 SOA 的 $M:1$ 的耦合器耦合在了一起,如 1.2.2 节所说明的。在目的地,信号被 AWG 多路分解,然后经由输出端口发送到光接收器。每个卡上的每个输出端口都配有一个光接收器,从而每个输出端口在卡中可由波长唯一地标识。为了从输入端口切换数据包,目的地卡通过配置 $1 \times M$ 空间开关来选择,而卡上的目的地端口则由配置卡上的交叉点来选择,数据包就因此被传输到了由波长来唯一标识的输出端口上。通过适当地调度传输,在同一时隙中,多个数据包可以同时从不同的输入端口切换到不同的输出端口上。

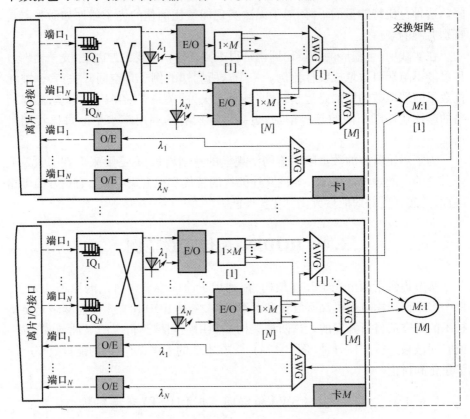

图 1.6 空间 – 波长(SW)架构

(引自 P. Castoldi et al. ,Optical Fiber Communication Conference and Exposition(OFC/NFOEC) ,2012;
and the National Fiber Optic Engineers Conference,pp. 1 – 3,4 – 8,March 2012. 已获授权)

所要实现的空间 – 时间(Space – Time, ST)架构如图 1.7 所示。在 ST 中,采用了波长分割的方法,通过将数据包编码到多个波长上(也称为 WDM 数据包)来进一步提高吞吐量。ST 架构借助空间域在不同的卡之间切换 WDM 数据包,而在时间域上进行卡上的不同端口间的切换。WDM 数据包是由持续时间

16

为 T 的串行电子数据包转换而成的光学数据包,如图 1.8 所示。串行数据包的比特被用于在选定的数据速率上同时调制具有 N 个光信道的激光梳,这可以用单个宽带调制器调制由 N 个发射不同波长光的激光器组成的阵列来实现。然后,一个无源波长分割映射(Passive Wavelength – Striped Mapping, PWSM)元件使每个调制的信道间产生 T/N 的相对延迟,延迟的信道由一个 SOA 进行时间上的精确门控,以产生的持续时间为 T/N 的 WDM 分组,如 1.2.3 节所述。串行分组因此在时间上压缩为信道数的 $1/N$,与端口数相等。WDM 数据包在持续时间为 T/N 的时隙中被发送,并在卡上由一个 $N:1$ 的耦合器在持续时间为 T 的时间帧内实现了时分多路复用。一个时间帧的每个时隙被分配到输出卡的一个特定端口。复用的 WDM 数据包被发送到基于 SOA 的 $1 \times M$ 开关,每隔 T/N 会对其自身进行重新配置,将每一个数据包导向正确的目的地卡。SW 架构中的开关矩阵用于卡之间的互连。发往卡的数据包由一个基于 SOA 的 $M:1$ 耦合器组合,然后经由一个 $1:N$ 分路器将路由数据包广播到卡的每个端口。SOA 根据对应的输出端口对时隙进行门控选择,随后 PWM 对时间压缩的 WDM 数据包的不同信道进行反转延迟。然后由单个的宽带光接收器将当前延迟的光信号转换成一个串行数据包。

1.4.2 能量效率分析架构

两个多平面架构的能量效率是通过选择符合光子集成技术要求的最高能效光子器件来提高的。另外,高能效设计已经通过在空间开关中利用门控 SOA 的固有放大能力得以实现。为了使能量比例化,在空间开关的放大级采用了自动使能的 SOA。不使用时,SOA 可在空闲模式下消耗最少的功率。

两个多平面架构的能量效率在线速率 $r = 50\text{Gb/s}$ 下进行了对比。作为参考,考虑了一单平面 $M \times M$ 的基于 SOA 的空间交换互连(S 架构)。在评估能量效率之前,对架构的吞吐量和所需器件的数量方面在表 1.1 中进行了比较。对于相同数量的卡,多平面架构以 N 倍于单平面架构的吞吐量为特征。由于一块卡的每个端口都需要空间开关,所以 SW 架构比 ST 需要多达 N 倍的 $1 \times M$ 开关。另一方面,在背板的交换矩阵中,所有架构都需要使用相同数量的耦合器。ST 网络可以支持的每块卡的最大端口数(N),由用于数据包时间压缩的波长分割技术所限制。因为时间压缩基于 WDM,所以对于足够的物理层性能,N 由光学域可用的最大波长数所限制。虽然大的端口数量也是可能的,但是在所提出的架构中选择了 8 个端口,这是因为对于这样的端口数可以无需在 PWSM 中进行放大。为了公平地比较,在 SW 架构中采用了相同数目的端口,尽管这一数目可以很容易地扩展到 12 个端口。

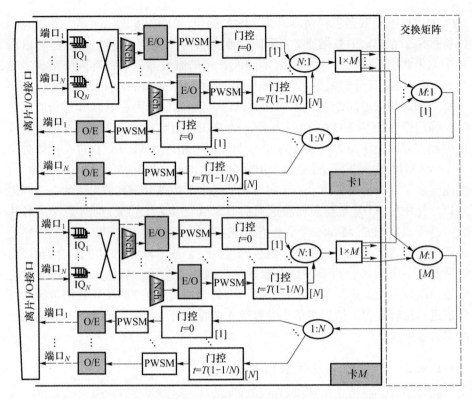

图 1.7　空间 – 时间(ST)架构

（引自 P. Castoldi et al. ，Optical Fiber Communication Conferenceand Exposition(OFC/NFOEC) ,2012；
and the National Fiber Optic Engineers Conference,pp. 1 – 3 ,4 – 8 ,March 2012. 已获授权)

表 1.1　SW、ST 和 S 架构对比

	SW	ST	S
最大吞吐量	$MN-r$	$MN-r$	$M-r$
端口总数	MN	MN	M
$1 \times M$ 空间 – 交换	MN	M	M
$M:1$ 耦合器	M	M	M
每个卡的端口数(N)	8	8	1
可缩展性:完全利用情况下(<200pJ/bit)卡的最大数量	1024	8198	1024
来源:P. Castoldi et al. ,Optical Fiber Communication Conferenceand Exposition(OFC/NFOEC) ,2012;and the National Fiber Optic Engineers Conference,pp. 1 – 3 ,4 – 8 ,March2012. 已获授权			

　　ST 和 SW 架构中所使用的空间 – 交换的归一化功率和能量效率如图 1.9 所示。作为对照的是单平面实现(1024 ×1),即一个空间交换单平面架构。

18

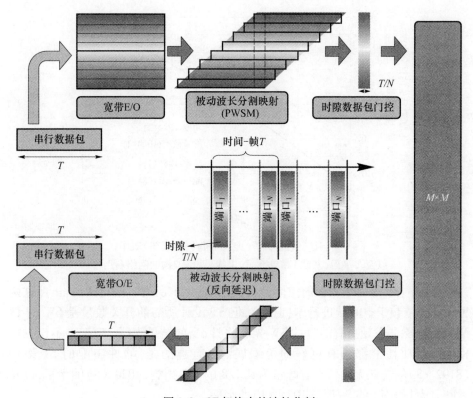

图 1.8　ST 架构中的波长分割

（引自 O. Liboiron‒Ladouceur et al. , IEEE／OSA Journal of Optical

Communication and Networking, vol. 3 , no. 8 , pp. A1‒A11 , 2011. 已获授权）

　　能量效率由归一化功率除以网络利用率计算得到。100% 的能效对应于一个完全的能量比例化互连网络。图 1.9 中显示出了多平面实现（128 × 8）卓越的能源比例化水平。

　　在图 1.10 中,对于 ST 和 SW 的整体架构计算了每比特的能量,在不同的规模（$M \times N$）下作为网络利用率的函数和 S 架构做了对比。利用文献[33]报道的近期实现的器件功耗进行了分析。对于所有的架构,每比特能量随网络利用率的提高而下降（图 1.10）。在低利用率水平下,更高的功耗是由于光学器件存在的能量未比例化（例如激光器）,以及空闲模式下的 SOA 不可忽略的功耗。在多个架构之中,SW 架构只有当卡的数量较少（即 $M = 128$ 或更低）时才具有比 ST 更高的能效。对于相等的吞吐量（1024 × 1S 相比于 128 × 8SW）,SW 架构的功耗相比于 S 减小到了大约 1/3。此外,ST 架构中的每比特能量与 SW 相比随 M 增加得更慢。例如,当卡的数量 M 从 128 增加至 1024 时,完全利用率下的每比特的能量对于 ST 来说增加了 20% ,而 SW 增加了 160% 。ST 的能量可缩展性提

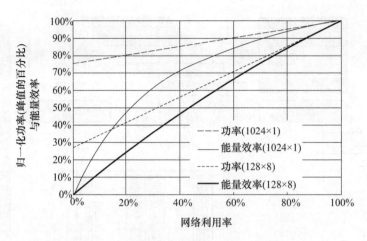

图 1.9 归一化的功率(虚线)和能量(实线)效率,
以及多平面(灰线)和单平面(黑线)网络架构的网络利用率

升的原因,主要是由于较少的空间开关数,如表 1.1 所列。换句话说,虽然这两种架构都依赖于空间域进行卡间交换,但 ST 设计所需的开关数量是 SW 的 1/N。因此,除非发现更高能效的 SW 架构设计,当前结果表明,ST 架构不仅在规模而且在功耗上都具有更好的可缩展性。有趣的是,器件满配的 ST 架构 (8192×8)的功耗大约低至吞吐量为其 1/8 的 SW 架构(1024×8)的水平,以及吞吐量为其 1/64 的 S 架构(1024×1)的水平。

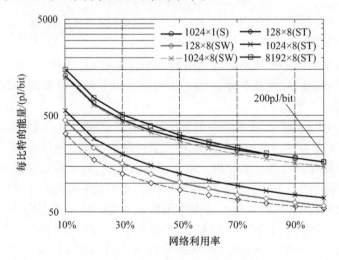

图 1.10 每比特能量和网络利用率

(引自 P. Castoldi et al. , Optical Fiber Communication Conference and Exposition(OFC/NFOEC) ,2012 ; and the National Fiber Optic Engineers Conference,pp. 1 - 3 ,4 - 8 ,March 2012. 已获授权)

然而,从图1.10中显而易见的是,这3种架构的能量可缩展性仍然远未达到理想情况。如图1.10所示,所有考虑的架构的每比特能量都随卡数量的增加而增加。主要的原因是,在空间切换中SOA的数量随卡的数量的二次方增加。此外,卡的数量的增加会导致基于SOA的开关和耦合器的光功率损耗增加,需要由额外的放大级进行补偿,从而引起功率效率的降低。对于在完全利用率情况下,设定最大功耗为200pJ/bit时,SW和S架构可扩展到1024卡,而ST架构显示出了最高的可扩展性,达到8192卡,同时仍然能保证比特误差率(BER)小于10^{-9}。能量可缩展性的进一步提升是有可能的。例如,可以考虑空间开关的其他可选架构[8]或者可以采用无源开关元件。

1.5　结　　论

　　计算平台需要具有高可缩展性和高能效的互连网络。光交换解决方案是有前途的,尤其在实现采用多交换域的光子互连网络时。一种新的范式需要被创立,其中需要特别注意提高光子互连网络的能量效率。

　　当采用新设计方法的互补性策略时,对于高能效设计的优化、高能效利用率的自动化以及实现高能效可缩展性的解决方案,选择最高能效器件是具有可行性的。实践范例表明,在相同的能量效率下,相对于单平面架构,采用多平面能够支持高达64倍的更多端口。

参 考 文 献

1. D. Abts, M. R. Marty, P. M. Wells, P. Klausler, and H. Liu, "Energy proportional data center networks," in *Proceedings of the International Symposium on Computer Architecture (ISCA '10),* pp. 338–347, 2010.
2. S. Assefa, W. M. J. Green, A. Rylyakov, C. Schow, F. Horst, and Y. A. Vlasov, "Monolithic integration of CMOS and nanophotonic devices for massively parallel optical interconnects in supercomputers," *69th Annual Device Research Conference (DRC),* pp. 253–256, June 20–22, 2011.
3. L. A. Barroso, and U. Holzle, *The Datacenter as a Computer: An Introduction to the Design of Warehouse-Scale Machines,* Synthesis Series on Computer Architecture, Morgan & Claypool Publishers, May 2009.
4. J. F. Bauters, M. J. R. Heck, D. John, D. Dai, M. C. Tien, J. S. Barton, A. Leinse, R. G. Heideman, D. J. Blumenthal, and J. E. Bowers, "Ultra-low-loss high-aspect-ratio Si3N4 waveguides," *Optics Express*, vol. 19, no. 4, pp. 3163–3174, 2011.
5. C. L. Belady, "In the data center, power and cooling costs more than the IT equipment it supports," *Electronics Cooling,* Feb. 2007.

6. A. Benner, "Cost-Effective optics: Enabling the exascale roadmap," *17th IEEE Symposium on High Performance Interconnects (HOTI)*, pp. 133–137, Aug. 2009.

7. K. G. Brill, "The invisible crisis in the data center: The economic meltdown of Moore's law," Uptime Institute, Technical Report, 2007, white paper.

8. P. Castoldi, P. G. Raponi, N. Andriolli, I. Cerutti, and O. Liboiron-Ladouceur, "Energy-efficient switching in optical interconnection networks," *13th International Conference on Transparent Optical Networks (ICTON)*, pp. 1–4, June 26–30, 2011.

9. I. Cerutti, N. Andriolli, P. G. Raponi, M. Scaffardi, O. Liboiron-Ladouceur, A. Bogoni, and P. Castoldi, "Power and scalability analysis of multi-plane optical interconnection networks," *IET Optoelectronics*, vol. 6, no. 4, pp. 192–200, Aug. 2012.

10. S. Chandrasekhar, A. H. Gnauck, Xiang Liu, P. J. Winzer, Y. Pan, E. C. Burrows, B. Zhu, et al., "WDM/SDM transmission of 10×128-Gb/s PDM-QPSK over 2688-km 7-core fiber with a per-fiber net aggregate spectral-efficiency distance product of 40,320 km.b/s/Hz," *37th European Conference and Exhibition on Optical Communication (ECOC)*, pp. 1–3, September 18–22, 2011.

11. H. J. Chao, and B. Liu, *High-Performance Switches and Routers*, Wiley-IEEE Press, May 2007.

12. H. S. Chen, H. P. A. van den Boom, and A. M. J. Koonen, "30 Gbit/s 3×3 optical Mode Group Division Multiplexing system with Mode-Selective Spatial Filtering," *Optical Fiber Communication Conference and the National Fiber Optic Engineers Conference (OFC/NFOEC)*, OWB1, pp. 1–3, March 6–10, 2011.

13. H. Cho, P. Kapur, and K. C. Saraswat, "Power comparison between high-speed electrical and optical interconnects for interchip communication," *Journal of Lightwave Technology*, vol. 22, no. 9, pp. 2021–2033, 2004.

14. J. Collet, D. Litaize, J. Van Campenhout, C. Jesshope, M. Desmulliez, H. Thienpont, J. Goodman, and A. Louri, "Architectural approach to the role of optics in monopro-cessor and multiprocessor machines," *Applied Optics,* vol. 39, no. 5, pp. 671–682, 2000.

15. W. J. Dally, and B. Towles, *Principles and Practices of Interconnection Networks*, Morgan Kaufmann, 2004.

16. I. Elhanany, and D. Sadot, "DISA: A robust scheduling algorithm for scalable crosspoint-based switch fabrics," *IEEE Journal on Selected Areas in Communications*, vol. 21, no. 4, pp. 535–545, 2003.

17. W. Forrest, J. Kaplan, and N. Kindley, "Data centers: How to cut carbon emissions and costs," McKinsey Report, 2008.

18. C. Gallep, and E. Conforti, "Reduction of semiconductor optical amplifier switching times by preimpulse step-injected current technique," *IEEE Photonic Technology Letters,* vol. 14, no. 7, pp. 902–904, 2002.

19. R. Gaudino, G. Castillo, F. Neri, and J. Finochietto, "Can simple optical switching fabrics scale to terabit per second switch capacities?" *IEEE/OSA Journal of Optical Communication and Networking*, vol. 1, no. 3, pp. B56–B69, 2009.

20. M. Glick, "Optical interconnects in next generation data centers; an end to end view," in *16th IEEE Symposium on High Performance Interconnects (HOTI)* 2008, pp. 178–181, August 2008.

21. A. Greenberg, J. Hamilton, D.A. Maltz, and P. Patel, "The cost of a cloud: Research problems in data center networks," *ACM SIGCOMM Computer Communication Review*, vol. 39, no. 1, 2009.

22. B. Heller, S. Seetharaman, P. Mahadevan, Y. Yiakoumis, P. Sharma, S. Banerjee, and N. McKeown, "ElasticTree: Saving energy in data center networks," in *Proceedings of the 7th USENIX Conference on Networked Systems Design and Implementation*

(NSDI '10).

23. R. Hemenway, R. Grzybowski, C. Minkenberg, and R. Luijten, "Optical-packet-switched interconnect for supercomputer applications," *Journal of Optical Networks*, vol. 3, no. 12, pp. 900–913, 2004.

24. D. G. Kam, M. G. Ritter, T. J. Beukema, J. F. Bulzacchelli, P. K. Pepeljugoski, Y. H. Kwark, Shan Lei, C. W. G. Xiaoxiong, R. A. John, G. Hougham, C. Schuster, R. Rimolo-Donadio, and W. Boping, "Is 25 Gb/s on-board signaling viable?" *IEEE Transactions on Advanced Packaging*, vol. 32, no. 2, pp. 328–344, 2009.

25. S. Kamil, L. Oliker, A. Pinar, and J. Shalf, "Communication requirements and interconnect optimization for high-end scientific applications," *IEEE Transactions on Parallel and Distributed Systems*, vol. 21, no. 2, pp. 188–202, 2010.

26. J. A. Kash, A. F. Benner, F. E. Doany, D. M. Kuchta, B. G. Lee, P. K. Pepeljugoski, L. Schares, C. Schow, and M. Taubenblatt, "Optical interconnects in exascale super-computers," *23rd Annual Meeting of the IEEE Photonics Society 2010*, pp. 483–484, November 7–11, 2010.

27. H. Kimura, N. Iiyama, and T. Yamada, "Hybrid energy saving technique based on operation frequency and active/sleep mode switching in PON system," *23rd Annual Meeting of the IEEE Photonics Society 2010*, pp. 405–406, November 7–11, 2010.

28. P. Kogge, ed., "ExaScale computing study: Technology challenges in achieving exascale systems." DARPA report, September 2008.

29. N. Y. Li, C. L. Schow, D. M. Kuchta, F. E. Doany, B. G. Lee, W. Luo, C. Xie, X. Sun, K. P. Jackson, and C. Lei, "High-performance 850-nm VCSEL and photodetector arrays for 25 Gb/s parallel optical interconnects," *Optical Fiber Communication Conference and the National Fiber Optic Engineers Conference* (OFC/NFOEC), OTuP2, pp. 1–3, March 21–25, 2010.

30. O. Liboiron-Ladouceur, and K. Bergman, "Optimization of a switching node for optical multistage interconnection networks," *IEEE Photonic Technology Letters*, vol. 19, no. 20, pp. 1658–1660, 2007.

31. O. Liboiron-Ladouceur, A. Shacham, B. Small, B. Lee, H. Wang, C. Lai, A. Biberman, and K. Bergman, "The data vortex optical packet switched interconnection network," *Journal of Lightwave Technology*, vol. 26, no. 13, pp. 1777–1789, 2008.

32. O. Liboiron-Ladouceur, H. Wang, A. S. Garg, and K. Bergman, "Low-power, trans-parent optical network interface for high bandwidth off-chip interconnects," *Optics Express*, vol. 17, no. 8, pp. 6550–6561, 2009.

33. O. Liboiron-Ladouceur, I. Cerutti, P. G. Raponi, N. Andriolli, and P. Castoldi, "Energy-efficient design of a scalable optical multiplane interconnection architecture," *IEEE Journal of Selected Topics in Quantum Electronics*, vol. 17, no. 2, pp. 377–383, 2011.

34. O. Liboiron-Ladouceur, P. G. Raponi, N. Andriolli, I. Cerutti, M. S. Hai, and P. Castoldi, "A scalable space-time multi-plane optical interconnection network using energy efficient enabling technologies [invited]," *IEEE/OSA Journal of Optical Communication and Networking,* vol. 3, no. 8, pp. A1–A11, 2011.

35. T. Lin, K. Williams, R. Penty, I. White, and M. Glick, "Capacity scaling in a multi-host wavelength-striped SOA-based switch fabric," *Journal of Lightwave Technology*, vol. 25, no. 3, pp. 655–663, 2007.

36. N. McKeown, "The iSLIP scheduling algorithm for input-queued switches," *IEEE/ACM Transactions on Networking*, vol. 7, no. 2, pp. 188–201, 1999.

37. A. Melloni, F. Morichetti, R. Costa, G. Cusmai, R. Heideman, R. Mateman, D. Geuzebroek, and A. Borreman, "TriPleX™: A new concept in optical waveguiding," *Proceedings of the 13th European Conference on Integrated Optics*, pp. 3–6, 2007.

38. A. Mekis, S. Gloeckner, G. Masini, A. Narasimha, T. Pinguet, S. Sahni, and

P. De Dobbelaere, "A grating-coupler-enabled CMOS photonics platform," *IEEE Journal of Selected Topics in Quantum Electronics*, vol. 17, no. 3, pp. 597–608, 2011.

39. D. A. B. Miller, "Rationale and challenges for optical interconnects to electronic chips," *Proceedings of the IEEE*, vol. 88, no. 6, pp. 728–749, 2000.

40. D. A. B. Miller, "Device requirements for optical interconnects to silicon chips," *Proceedings of the IEEE*, vol. 97, no. 7, pp. 1166–1185, 2009.

41. A. Narasimha, S. Abdalla, C. Bradbury, A. Clark, J. Clymore, J. Coyne, A. Dahl, et al., "An ultra low power CMOS photonics technology platform for H/S optoelectronic transceivers at less than $1 per Gbps," *Optical Fiber Communication Conference and the National Fiber Optic Engineers Conference (OFC/NFOEC)*, OMV4, pp. 1–3, March 21–25, 2010.

42. H. Nasu, "Short-reach optical interconnects employing high-density parallel-optical modules," *IEEE Journal of Selected Topics in Quantum Electronics*, vol. 16, no. 5, pp. 1337–1346, 2010.

43. H. Onaka, Y. Hiroshi, K. Sone, G. Nakagawa, Y. Kai, S. Yoshida, Y. Takita, K. Morito, S. Tanaka, and S. Kinoshita, "WDM optical packet interconnection using multi-gate SOA switch architecture for peta-flops ultra-high-performance computing systems," *Proceedings of the European Conference on Optical Communication (ECOC)*, pp. 57–58, September 24–28, 2006.

44. P. G. Raponi, N. Andriolli, I. Cerutti, and P. Castoldi, "Two-step scheduling framework for space–wavelength modular optical interconnection networks," *IET Communications*, vol. 4, no. 18, pp. 2155–2165, 2010.

45. J. J. Rehr, F. D. Vila, J. P. Gardner, L. Svec, and M. Prange, "Scientific computing in the cloud," *Computing in Science and Engineering*, vol. 12, no. 3, pp. 34–43, 2010.

46. L. Schares, D. M. Kuchta, and A. F. Benner, "Optics in future data center networks," *18th IEEE Symposium on High Performance Interconnects (HOTI 2010)*, pp. 104–108, 2010.

47. V. Soteriou, and L. S. Peh, "Exploring the design space of self-regulating power-aware on/off interconnection networks," *IEEE Transactions on Parallel and Distributed Systems*, vol. 18, no. 3, pp. 393–408, 2007.

48. Top 500 supercomputer sites, www.top500.org.

49. R. S. Tucker, "The role of optics and electronics in high-capacity routers," *Journal of Lightwave Technology*, vol. 24, no. 12, pp. 4655–4673, 2006.

50. R. S. Tucker, "Green optical communications—Part II: Energy limitations in networks," *IEEE Journal of Selected Topics in Quantum Electronics*, vol. 17, no. 2, pp. 261–274, 2011.

51. A. Wonfor, H. Wang, R. V. Penty, and I. H. White, "Large port count high-speed optical switch fabric for use within datacenters [invited]," *IEEE/OSA Journal of Optical Communications and Networking*, vol. 3, no. 8, pp. A32–A39, 2011.

52. F. Xia, M. Rooks, L. Sekaric, and Y. Vlasov, "Ultra-compact high-order ring resonator filters using submicron silicon photonic wires for on-chip optical interconnects," *Optics Express*, vol. 15, no. 19, pp. 11934–11941, 2007.

53. X. Zhou, L. Nelson, P. Magill, R. Isaac, B. Chu, D. W. Peckham, P. Borel, and K. Carlson, "8x450-Gb/s, 50-GHz-Spaced, PDM-32QAM transmission over 400 km and one 50 GHz-grid ROADM," *Optical Fiber Communication Conference and the National Fiber Optic Engineers Conference (OFC/NFOEC)*, March 2011.

第2章 采用空气包覆铜互连的低损耗、高性能芯片到芯片电气连接

Rohit Sharma，Rajarshi Saha，Paul A. Kohl

2.1 引　言

现代电子系统由电路板上的芯片之间以及芯片上的电子元件之间互连线的密集交错组成。晶体管尺寸的缩小导致了分立元件及其互连的小型化。电子互连较小的横截面面积会产生较高的信号衰减，并使得数据和时钟恢复变得复杂。高速互连有两个主要的损耗机制：金属的趋肤效应损耗和介电损耗。趋肤效应损耗是一种在高频时电流拥挤在围绕着导体周围的金属表面附近区域的现象。其结果是，单位长度导体的有效交流（Alternating Current，AC）阻抗随频率而增加。介电损耗直接与频率成正比，因此在较高频时更加显著。此外，地平面返回路径中的电阻损耗也不能忽略，并由几何拓扑和构成返回通路的材料确定[1]。总体而言，介电损耗在数吉赫兹之上的频率范围中占主要部分，如图2.1所示。图2.1依据国际半导体技术蓝图（International Technology Roadmap for Semiconductors，ITRS）的数据所绘制，信号频率范围最高至50GHz。由图2.1可见，介电损耗在20GHz处大于导体损耗的两倍，并且在20GHz以上介电损耗更占主导地位。因此，为了切实减少信号衰减，重要的是要设法减弱高频的介电损耗。实现这一目标的一种方式是采用更好的互连与衬底材料。

从历史上看，互连技术采用Al和SiO_2作为导体－衬底对。互连导体从铝向铜的过渡已成为互连技术中最重要的技术进步之一。相比于铜和低介电常数（Cu－Lowk）互连技术，Al－SO_2互连的根本问题包括更高的电阻和电容以及非平面度。阻容（Resistance－Capacitance，RC）乘积代表了一系列电阻器－电容器电路的特征时间常数。通常情况下，虽然Cu实际使用的电阻率会比理论极限稍高，但Cu的电阻率仍小于Al，见表2.1。相比于Al－SiO_2的互连，Cu和Low－k电介质互连可使RC线路延时实现高达50%的下降，如图2.2所示。由于Cu具有较低电阻率，所以在Cu互连线中的线路电感效应更加显著。在更高

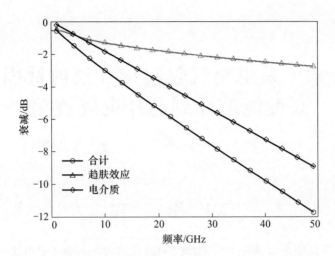

图 2.1　导体和介电损耗随频率的变化(Ⓒ2011IEEE.已获授权)

的频率,由于阻抗不匹配,感生效应占了主导地位,会造成信号的过冲、振铃和反射。这些复杂的响应一般需要对自感和互感进行建模来研究。此外,Cu 具有比Al 高 10~100 倍的电子迁移阻抗,使其成为了更加可靠的互连材料。

表 2.1　不同金属的电阻率

金属	电阻率/$(\mu\Omega \cdot cm)$
银	1.63
铜	1.67
金	2.35
铝	2.67
钨	5.65

图 2.2 提供了对互连尺度重要性的一些深入理解。一个重要的设计指标是总延迟(互连和栅极延迟)。晶体管的缩小改善了晶体管延迟,而不是互连延迟。由于随着时间演进,互连成为了系统延迟的主要贡献者,所以具有较低 RC延迟的互连的好处也逐渐变得越来越重要。这形成了开发和使用 Low-k 材料的基本动力。一些 Low-k 材料的物理属性列举如下:

(1)电子——相对介电常数(ε_r)<3、接近零损耗以及各向同性;

(2)机械——对金属和电介质具有优异的黏附性;

(3)热学——低的热膨胀、可以与 Cu 理想地匹配以及高的热稳定性;

(4)化学——接近于零的水吸收、抗氧化(特别是氧气)特性以及不会诱发金属腐蚀;

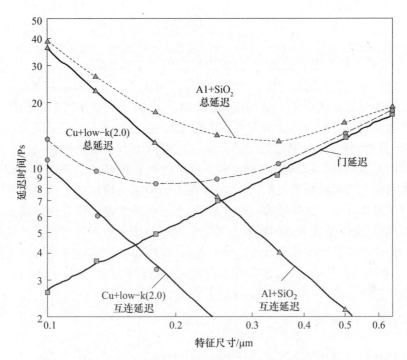

图 2.2　基于 Cu – low – k 与 Al – SO$_2$ 的互连延迟对比

(ⓒ1995IEEE. 已获授权)

（5）商用——环境安全以及具有成本效益。

Low – k 电介质的清单包括无机(玻璃)、有机(聚酰亚胺、特氟纶)、混合(有机 – 无机混合)，以及由有机或无机绝缘体制成的多孔材料[2]。使用真空、气体或空气作为电介质提供了一个吸引人的、超低损耗的选择。然而,为了实现机械稳定性,就需要机械的完整性,因而只能部分地使用空气包覆的互连结构。

2.1.1　用于减少线路电容的气隙结构

先前的研究报道已经探索了气隙结构在降低线路电容中的作用[3-9]。在沉积 SiO$_2$ 的过程中,可以在金属连线之间形成空气间隙或孔隙。一个基本的空气间隙结构已由 Shieh 等提出[3]。SiO$_2$ 夹层可为互连堆叠提供结构和热的稳定性。与气凝胶、氟化 SiO$_2$、聚合物及其他 Low – k 电介质不同,气隙结构不需要附加的刻蚀或化学机械抛光。这使得工艺集成更为简单。仿真结果表明,利用空气隙结构实现的电容降低,达到了与使用均质 Low – k 材料降低的电容量相当的水平。使用空气间隙降低了有效介电常数(ε_{eff})[5]。这可以通过参考下式来解释:

$$\varepsilon_{\text{eff}} = \frac{\varepsilon_r (h_a + h)}{h + \varepsilon_r h_a} \tag{2.1}$$

式中:ε_r 为衬底的介电常数;h、h_a 分别为衬底和空气腔的高度。

因此,当空气腔被最大化时,有效介电常数可接近一致。可以期望在芯片上的气隙互连情况也能得到类似的结果。Park 等[6]报道了利用气隙结构使有效介电常数减少了将近 40%。如果将层内的气隙(在一层之内的信号线之间的介电材料)延伸到层间(金属层之间的介电层),可以更大程度地降低电容。对于一个多级互连结构,可以利用气隙结构实现层内电容约 40% 的降低[7]。如果空气间隙和电介质得到有效沉积,那么可以在不影响结构机械稳定性的情况下实现电容的显著降低。这样做的一种方法是,在产生最大电容耦合的窄线之间沉积空气间隙,而不是在较宽间距的连线之间沉积传统介质。将空气腔扩展到金属结构限定的平面下方具有双重优势。这可以降低连线电容,并允许使用更宽的连线,从而降低导体损耗,这将在本章稍后进行讨论。还可以在 50GHz 以上频率传送信号,对芯片到芯片互连来说是尤其重要的。

2.1.2 气隙结构的制造

气隙结构的制造是本技术的一个挑战性方面。一些已经公开的形成电子器件中的空气隔离的工艺技术包括使用化学机械研磨(Chemical Mechanical Polishing, CMP)和过孔刻蚀[4]、回蚀技术[7,8]、牺牲聚合物[5,6,10-13]和湿法刻蚀[9]。在这些技术中,利用牺牲聚合物来建立空气间隙是一种有前景的、可适用于各种应用的方法。基于一种牺牲聚合物和等离子增强化学气相沉积(Plasma Enhanced Chemical Vapor Deposited, PECVD)SiO$_2$ 在电子互连中制造空气间隙的方法已由 Kohl 等提出[10,11]。采用了嵌入在金属互连结构之间的牺牲聚合物,空气腔由一个电介质外套完全封装。当以控制的速率进行热分解时,牺牲聚合物的气态产物通过电介质涂层扩散,从而形成具有可忽略的残余物的埋藏式空气腔。这种技术非常适合形成纳米级到厘米级尺寸范围的空气间隙,并在空气包覆互连的制造中具有重要应用。使用牺牲聚合物制造气隙结构的工艺流程是由 Spencer 等提出的[5],如图 2.3 所示。牺牲聚合物的热分解发生在一个适度的温度(<200℃),这使它成为了在有机衬底(如 FR4)上进行芯片到芯片互连的合适的候选。

气隙互连的可靠性问题需要仔细评估。这包括热可靠性[4]、电迁移可靠性[14,15]、介电可靠性[16]、工艺导致的应力[17]、水分吸收,以及金属连线的腐蚀[18]。互连堆叠中的焦耳加热问题也需要加以解决。气隙互连中的温度上升是可以与基于均质 SiO$_2$ 互连相比的。可以看出,具有气隙的互连堆叠的热性能

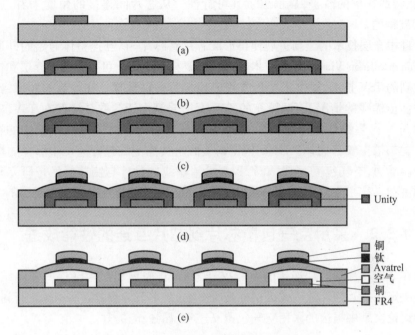

图 2.3　气隙结构构建过程的工艺流程图
（ⓒ2007IEEE. 已获授权）

远优于任何均质 Low – k 材料。由于非常薄的 SO_2 侧壁钝化，可以预期基于气隙的互连中会有较高的金属游离。然而，实验结果展示出了空气隙结构[14] 较长的电子迁移寿命。总之，相比于均质的基于 SiO_2 的互连，气隙互连表现出了与之相当或更好的热、机械和电迁移可靠性。有兴趣的读者可以参考现有的文献来进一步深入了解这一话题。

2.1.3　芯片到芯片互连的设计问题

芯片到芯片互连是长度大于片上互连数倍的平面传输连线结构。因此，影响信号完整性的首要因素是互连线上的信号损失。如本章前面所解释的那样，在芯片到芯片互连中存在两大损耗机制：由于趋肤效应引起的导体损失和由于有损耗的衬底引起的介电损耗。由于介电损耗是频率的强相关函数，它往往在较高的频率上成为整体损耗的主导机制[19-21]。在芯片到芯片互连的情况下，带宽密度和能量/比特是确保最佳信号完整性的重要设计指标。Kumar等[20] 提出了可用于建立用于芯片到芯片互连的空气包覆传输线互连性能限制的分析模型。利用空气代替 GETEK 作为介电材料，带来了带宽密度和能量/比特约 5 倍的改善,显示出了其可行性。从芯片间连接的角度来看,这是令人鼓舞的。

硅中介层技术的最新进展使得形成芯片到芯片 3D 互连整体通路的硅通孔(Through Silicon Vias, TSV)技术成为了必要技术手段。可以在硅中介层和衬底层找到的 TSV 技术,提供了替代常规电连接另一种选择。在较高的频率,比如在平面传输线的情况下,铜填充的 TSV 会遭受到由于趋肤效应和在 TSV、硅之间的 SiO_2 衬垫的有损衬底效应引起的损耗的影响[21]。如果这些 TSV 中的有损 SiO_2 衬垫被空气替代,则可以期望得到类似于其他空气包覆应用中那样的性能提升。然而,空气包覆、垂直 TSV 和水平传输线的设计与制造仍然是研究和开发的主题。2.2 节重点阐释 2D 和 3D 系统的芯片到芯片互连的重要发展。

2.2　采用空气包覆芯片到芯片互连的性能改进

在分析芯片到芯片连接的性能提升之前,将先展示气隙互连的基本结构。明确决定这些互连性能的关键指标是很重要的,本节即将对这些指标进行讨论。随后讨论文献中报道的采用空气包覆互连实现的性能提升。

2.2.1　空气包覆互连的基本原理图

一个完全的空气包覆互连结构是将传统的、固体电介质结构由空气腔完全取代。然而,混合设计更适合于机械稳定性,其互连线被置于空气腔上的一层介电薄膜之上。这样的设计将提供金属线所需的必要机械支撑[21]。一个悬挂在空气包覆上差分传输线原理图如图 2.4 所示。Sharma 等[21] 所选用的尺寸可以使互连具有 100Ω 的差分阻抗。金属连线被沉积在聚酰亚胺和 SO_2 的薄膜上。支撑的聚酰亚胺和这层膜一起所创建的空气腔是连线宽度的数倍。如本章后面将讨论的,这种混合设计显著降低了电介质和导体损耗。这一互连几何结构的制造将在 2.3 节予以讨论。此外,在非典型 3D 设计中,在 Si 中介层之上的芯片到芯片互连需要同时采用平面和垂直连接链路,也将在 2.3 节中讨论。TSV 的高频等效电路和损耗模型采用了对 TVS 的整体损耗有贡献的包围着 TSV 的块状硅和氧化物层。设计目标是创建一个同样低损耗的、与空气包覆传输线相匹配的 TSV。Sharma 等[21] 所提出的空气包覆结构 TSV 的原理图与建议的典型尺寸一起展示于图 2.5。在高频率时,类似于平面传输线,铜填充的 TSV 也会遭受由于趋肤效应以及由在 TSV 和硅层之间使用的 SiO_2 有损衬底所带来的损耗的影响。替换 SiO_2 衬垫为空气有助于减小由于毗邻衬底产生的损耗。形成通孔导电部分的铜柱由底部的 SiO_2 垫盘牢固地把持住。顶部的垫盘则由电镀的铜形成。对于该空气包覆 TSV 的工艺流程和一种新颖的制造工艺将在 2.3 节展示。

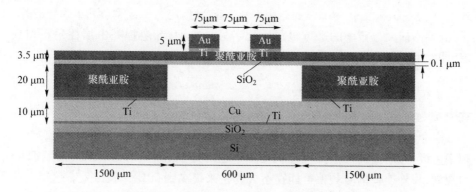

图 2.4　所提出的空气包覆差分传输线原理图

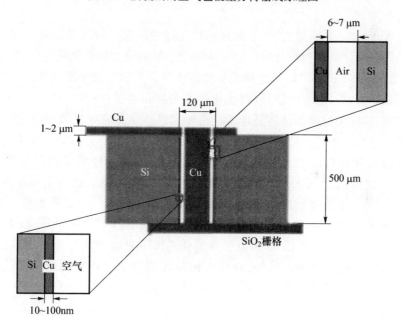

图 2.5　所提出的空气包覆 TSV 原理图

2.2.2　低损耗高速链路的设计和优化

芯片到芯片互连的两个主要损耗机制是电介质和导体损耗。导体损耗是由于趋肤效应引起的不均匀的电荷分布而在导体表面产生了电流。金属导体中趋肤深度的特征尺寸为其电流下降到 $1/e$ 或 37% 时的深度值,即

31

$$\delta = \sqrt{\frac{2\rho}{\omega\mu}} \tag{2.2}$$

式中:δ 为趋肤深度;ρ 为导体的电阻率;ω(或 $2\pi f$)定义了频率(f);μ 为导磁率。因此,导体损耗与频率的平方根成反比。另一方面,介电损耗由损耗角正切决定,即

$$\alpha_{\text{dielectric}} = \frac{4.34}{c}\omega \cdot \tan\delta \sqrt{\varepsilon_r} \tag{2.3}$$

式中:c 为自由空间中的光速;ε_r 为材料的相对介电常数。

由介电材料引起的损耗正比于频率。因此,在芯片到芯片互连中,在吉赫兹频率量级,介电损耗在全部损耗机制中占主导地位,如图 2.1 所示。按照 ITRS 的规划,片外连接信号频率可能在不久的将来提高到 50GHz 及以上。值得关注的是,在如此高的频率,对于给定的能量预算,信号完整性可能在高数据速率时会严重下降[19,20]。

如 Kumar 等[20] 所提出的,芯片到芯片互连的性能可以从带宽密度和能量/比特的角度来评价。他们报道了一个计算用于发射机和接收机的带有简化的输入/输出(Input/Output, I/O)电路的空气包覆差分对的带宽密度和能量/比特分析模型。然后,采用功耗模型同时优化带宽密度和能量/比特。进一步,采用了一个带宽密度/每比特能量的复合度量指标来最大化带宽密度和最小化所消耗的能量。这是一个可被用于优化互连几何结构的重要指标。图 2.6 所示为这个作为互连长度和宽度的函数的复合度量。传统的基于环氧玻璃纤维的衬底(FR4、BT 树脂和 GETEK)是会有损耗的。与这些材料相比,使用空气作为介电材料能显著改善带宽密度和能量/比特,如图 2.7 所示。可以看到优于标准 GETEK 材料约 5 倍的改善。当然,在这里所报道的数字是一个理想的情况。一个更实际的结构示于图 2.4,由于有损耗的聚酰亚胺和 SiO_2 膜的存在,其中的改善可能会略有减少。另外,在空气包覆互连中的导体损耗也会因线宽的增加而减小。这样做是为了在空气和 GETEK 情况下都保持相同的差分阻抗。HFSS 的结果证实了这一观点。然而,现有的模型不考虑在返回路径中的损耗。

一个 TSV 可以看作在 Si 衬底上由 SO_2 衬垫分离开的微带线。它支持 3 种基本传播模式,即慢波、准 TEM 和趋肤效应模式[22]。在 Si 衬底中,慢波模式可在中等频率和导电性条件下存在。这种模式的发生是由于 Maxwell - Wagner 效应,跨越 SO_2 衬垫界面的强极化会导致传播速度比在 Si 衬底中更慢。在较低的频率,Maxwell - Wagner 效应随有效介电常数的增大而增大。对于具有几赫兹到数吉赫兹频率响应的典型 TSV,慢波效应对实现信号完整性很重要。我们可以

32

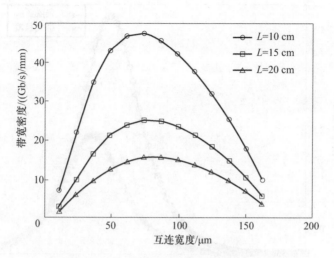

图 2.6 最大带宽密度与最小能量/位

(©2011 IEEE. 已获授权)

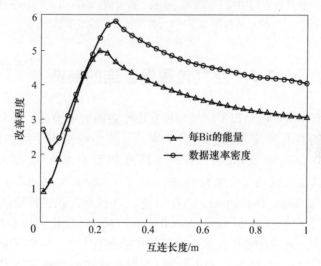

图 2.7 空气包覆互连关键设计指标的改善(©2011 IEEE. 已获授权)

通过绘制损耗角正切随频率的函数来建立从慢波模式到准 TEM 模式的过渡。可以看到损耗角正切在中等频率会非常高(通常为 1GHz),此时,慢波模式过渡为一个扩散型 TEM 模式,随后变为准 TEM 模式,从而导致严重的信号衰减。空气包覆 TSV 技术有助于降低这种衰减,如图 2.8 所示。

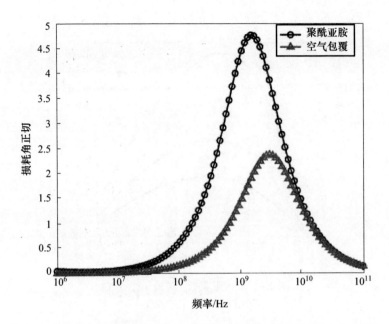

图 2.8　损耗角正切随频率的变化，显示了最大值（Maxwell – Wagner 效应），
当 SO_2 被替换为空气时，损耗角正切的增加更小

2.3　空气包覆铜互连的制造

　　一些研究小组已经给出了空气包覆互连制造的演示验证。每个新的设计都提供了不同的具有特定限制的制造草案。一些小组采用了可热降解聚合物（Thermally Degradable Polymer，TDP），其分解后可在特定区域形成空气腔[5,6,10]，而其他人利用了介电材料，如 SiO_2[3,5,7] 或 SiCN[18] 的非保形化学气相沉积（Chemical Vapor Deposition，CVD）工艺。非保形沉积在特定区域创建受困空隙。在多层金属化（Multi Level Metallization，MLM）模块中很难掺入 TDP，因此牺牲聚合物已被广泛使用在芯片到板的传输线上[5,19]。一些研究小组也有采用湿/干法刻蚀技术去除牺牲介电材料，在堆叠结构中创建气隙[24,26,27]。典型地，对于若干层的空气包层互连，其工艺方法要么是通过非保形沉积创建受困气穴，要么是在每层金属形成后或是在堆叠全部完成后用湿/干法刻蚀掉牺牲材料。下面对不同的用于互连气隙制造的工艺技术做一个回顾。

　　Sukharev 等[14] 提出了一种非保形沉积技术，使用两步骤沉积工艺来俘获孔隙。在硅晶片上的支柱金属互连制造完成后，SiO_2 是以四乙氧基硅烷（Tetraethoxysilane，TEOS）作为反应剂采用等离子体增强化学气相沉积（Plasma Enhanced Chemical Vapor Deposition，PECVD）技术进行沉积,这将得到一个保形层,并因此形成均匀形貌。这一保形的 PECVD – TEOS 层的厚度确定了空隙的侧壁厚度。第二步使用硅烷和氧气作为反应物进行 PECVD 沉积,得到一个非保形层,从而创建出如图 2.9 所示的气隙。

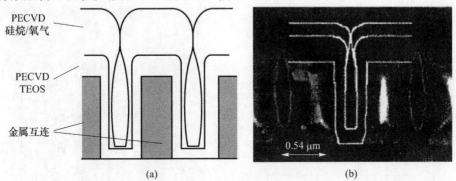

(a)   (b)

图 2.9　（a）捕获气隙的示意图；（b）SPEEDIE 模拟廓线的气隙 SEM 图像
（引自 V. Sukharev et al. ,Microelectronic Reliability,vol. 41,pp. 1631 – 1635,2001. 已获授权）

捕获的空气间隙主要通过限制材料有效硬度的变化来影响电子迁移动力学[14]。气隙结构提供了较低的机械稳定性,由于电迁移的原子的耗尽或积累,反过来又会导致较低的残余应力。B. P. Shieh 等[15]使用了一个附加的 HDP – CVD 层来限制气隙延伸到限制区域之外,如图 2.10 所示。HDP – CVD 工艺反溅射氧化物材料限制空气间隙延伸至金属连线之上。

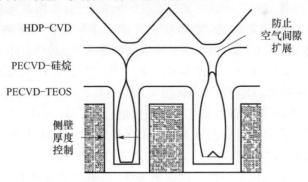

图 2.10　气隙互连工艺示意图（©2002IEEE. 已获授权）

Noguchi 等[8]使用类似的工艺步骤制造了 4 层气隙互连。这些结构采用了双镶嵌方法,并随后应用回蚀工艺来制造。回蚀工艺包含着在层间介电材料的沉积过程中形成的被捕获的空气间隙的区域,如图 2.11 所示。气隙被有选择地形成于相邻连线之间,最小线宽和间隔都为 180nm。通过这种工艺形成的空气间隙往往具有像基于过孔的气隙那样的独特形状。有结果表明,气隙的互连具有与镶嵌产生的互连一样的过孔电迁移寿命。基于气隙的互连也往往比镶嵌工艺具有更好的与时间相关电介质击穿(Time Dependent Dielectric Breakdown, TDDB)可靠性。

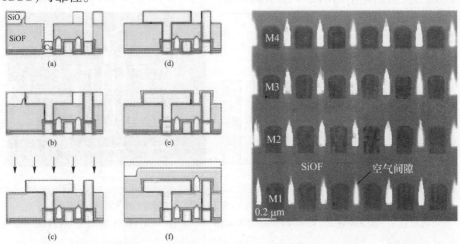

图 2.11　气隙互连制造中的工艺布局(左)和 TEM 图像展示了四层的气隙互连(右)

(a) 过孔/沟槽 DD 工艺;(b) Cu 沉积(CuCMP);(c) 回蚀;(d) 湿法清洗(H_2 退火);

(e) SiON 沉积;(f) 介质淀积(ILDCMP)。(©2009IEEE. 已获授权)

Nakamura 等[18]提出了一种新方法,在单个步骤中制造多级结构的空气间隙。他们利用气体成分干刻蚀特定的牺牲区域。首先,采用聚芳醚(Polyarylene Ether, PAr)与 SiOC 来制造混合双镶嵌结构,其中 PAr 用作沟槽层材料,SiOC 膜用作过孔层材料。一旦几个中间和半整体层制作完成,就在去除 PAr 材料的地方形成通孔(图 2.12(b))。气体由 $O_2 - N_2 - H_2$ 组成,并在入口通孔处将其导入。PAr 区被腐蚀掉而留下了气隙(图 2.12(c))。一旦气隙制作完成,为了控制水分吸收并密封气体出口,就将孔用旋涂电介质(Spin - On Dielectric, SOD)重新填充。SOD 的黏度可根据所需的重填充程度改变。过量的 SOD 使用干法回蚀工艺进行去除,并沉积一层 CVD - SiCN 膜作为气密密封[18]。

Yoo 等[23]最近演示了一种气隙制造方法,其通过非保形 PECVD 沉积来形成金属线之间的层间电介质。首先除去电介质,然后采用非保形 PECVD 材料形成的空气间隙。Low - k 层间介电材料采用了两步沉积的方法,先是保形电介质沉积,然后是非保形的。最终的气隙形状依赖于层间电介质去除工艺的品质,以及 PECVD 材料的保形特性,如图 2.13 所示。

将光刻法用于刻蚀前的掩蔽步骤,可以对处于电耦合最高的密集金属线之

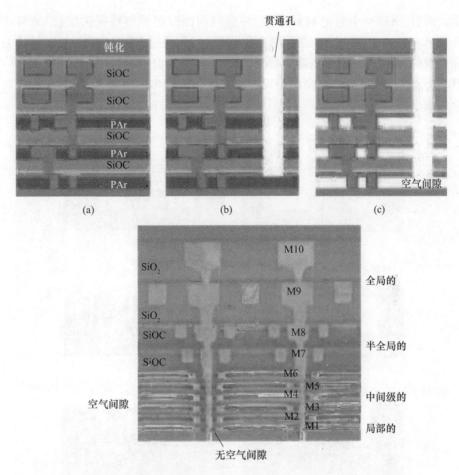

图 2.12　气隙工艺原理示意图,下方是一个的 10 级互连结构的 SEM 图像,
并示出了其空气间隙(©2008IEEE. 已获授权)

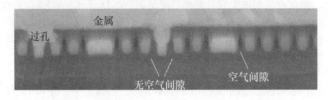

图 2.13　气隙的 SEM 图像(©2010IEEE. 已获授权)

间的气隙位置进行精确控制。常规 193nm 干式光刻被用来制作关键层的气隙
特征图形,在 32nm 和 22nm 技术节点上都进行了尝试。H. – W. Chen 等[24] 提
出了一种新的湿法刻蚀技术来创建自对准的气隙互连。首先在一个标准的 Cu/
SiOC(Low – k)镶嵌结构的侧壁形成一个等离子体破坏的 SiOC 层,如图 2.14 所

示。然后,沉积一个介电材料薄层,并进行回蚀以形成侧壁保护层(Side Wall Protection Layer, SWPL)。在铜填充和 CMP 之后,通过 HF 湿法刻蚀选择性地去除受损的 SiOC 层来创建气隙。最后,该结构用一个介电层封端。如果没有 SW-PL 层,金属连线下面的电介质层可能会在延长的湿刻蚀中被无意切到,造成对金属线损伤。由于工艺的限制,湿法刻蚀步骤对气隙的大小有所限制。

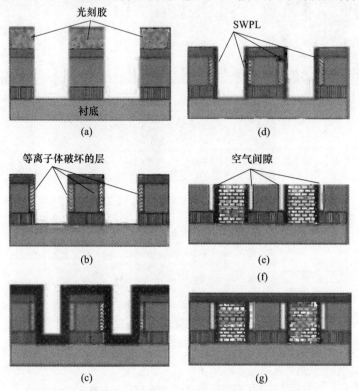

图 2.14　通过湿法刻蚀形成自对准气隙结构的示意图(ⓒ2008 IEEE. 已获授权)
(a) 沟槽的光/刻蚀;(b) 抗蚀剂灰化;(c) 侧壁保护层(SWPL)沉积;
(d) 各向异性干法刻蚀;(e) Cu 填充/CM;(f) HF 湿法刻蚀;(g) 封端层沉积。

SWPL 层限制了沉积进入气隙层中的封盖层的量,从而使空气间隙的形状和大小都能更好地保留。封盖电介质被限制在气隙上方,并可作为一个额外的刻蚀停止点。研究者发现,这些空气间隙增加了过孔的对准失配公差。由于反向应力的增加引起的电迁移阻抗加倍的现象也被观察到了。类似的侧壁气隙集成在 GueneaudeMussy 等的研究[25]中也有所展示。

Gras 等[26]利用 SiO$_2$ 的湿法刻蚀将空气间隙引入多层金属叠层之中。首先在 SiO$_2$ 上使用沟槽优先的硬掩模集成方案制成金属 -1/金属 -2(M1 - M2)铜互连,如图 2.15 所示。利用 CoWP 自对准屏障在 M1 层上进行连线封端,使得 HF 能在刻蚀工艺期间在较低的层上扩散。一个 SiCN 薄层沉积在 M2 的顶部,以使空气腔在全局结构中被局部化。接下来,为了产生局部的 HF 扩散通路,开发了一个用于在 SiCN 中打开孔径的非关键掩模。在处理工艺中,SiCN 不会受到 HF 的冲击。HF 从这些孔径中各向同性地前进到底层的 SiO_2 层,去除 SiO_2。在特定位置的空气间隙制造完成之后,在上层沉积金属间电介质(Inter Metal Dielectric, IMD),关闭 SiCN 孔径,可以观察到所创造的气隙对 RC 延迟的实质性改善。然而,由于空隙的形成使连线电阻增加,电迁移阻抗稍有下降。

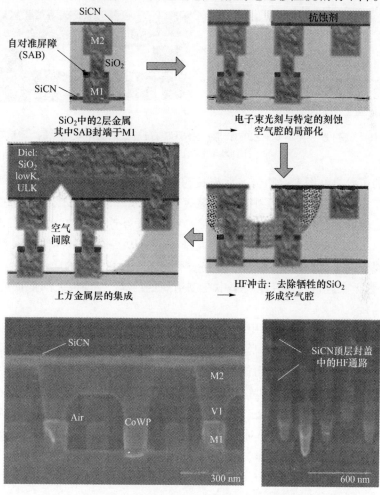

图 2.15　(上图)通过氧化物湿法刻蚀工艺进行气隙制造的原理图和
(下图)MLM 层叠中制造的气隙的 SEM 图像(©2008IEEE. 已获授权)

Anand 等[27]提出了气体介电互连工艺(NURA),使用碳的分解形成互连架构中的气穴。在此工艺中,首先在碳上代替了在绝缘体上形成互连金属沟槽,如图 2.16 所示。再沉积一个 SO_2 薄层。一个标准的双镶嵌工艺被引入这一结构形成双 NURA 工艺。随后,将结构在氧气中加热到 400 ~ 450℃进行熔炉灰化。氧气扩散通过 SiO_2 并与碳反应,留下填充了气体的连线间隙。观察结果表明,这些气体填充的结构可以减少 50% 的延迟。但是,在这个工艺中也有一些困难,包括较高温度下碳的氧化、金属被氧化的潜在可能,以及穿透内层渗入氧气的需要。

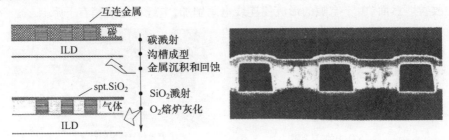

图 2.16　(左)单 – NURA 工艺的原理示意图和(右)制成后的空气间隙的 SEM 图像
(©1998IEEE. 已获授权)

在利用可热降解聚合物创造低损耗输连线空气腔方面,已经开展了大量的工作。在一个多级金属叠层中掺入如聚碳酸酯或聚降冰片烯之类的牺牲聚合物是具有挑战性的,这是因为引进新的材料到 MLM 互连层叠之中将面临图案形成控制与尺寸收缩方面的综合挑战。此外,由于当大量的空气间隙被引入时,在封装步骤中会有机械问题,所以这种方法不允许对空气间隙的局部整合[26]。因此,大多数正在进行的研究主要集中在制造新的结构,实现板级的低损耗、芯片到芯片连接。

Park 等[6]演示验证了使用基于四环十二碳烯(Tetracyclododecene, TD)的牺牲材料制成的延长的空气间隙结构。首先进行聚甲基丙烯酸甲酯(Polymethyl – Methacrylate, PMMA)旋涂,再使用电子束光刻进行图案化,如图 2.17 所示。先溅射一层铜层,随之进行 PMMA 的沉积。将 PMMA 去除之后,铜线会留在 SiO_2 电介质上。通过反应离子刻蚀,氧化物被回蚀到 100nm 的厚度。旋涂牺牲聚合物并沉积 SiO_2 薄层。从顶部对聚合物进行定向刻蚀。使用电子束光刻对铜连线进行图案化。最后,在上部沉积 SiO_2 层,对牺牲聚合物进行热分解以形成气隙,如图 2.17 所示。经测量,这种结构的有效介电常数为 2。类似的结构在Kohl 等[10]的研究中也有报道。

一种不同的采用聚碳酸酯牺牲材料的传输线结构已在最近被提出[29]。用聚碳酸丙烯酯作为信号线与地线之间的牺牲材料,在 FR4 板上制造了信号线与

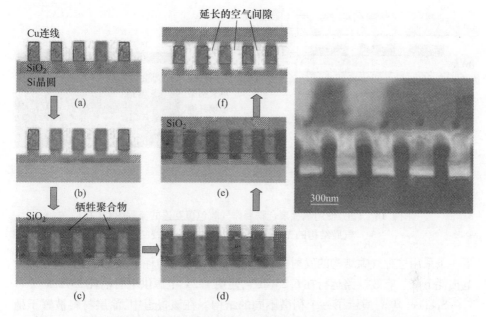

图 2.17 （左）延长的空气间隙结构的工艺流程示意图与（右）空气间隙的 SEM 图像

（引自 S. Park et al. , "Materials, processes, and characterization of extended air –

gaps for theintra – level interconnection of integrated circuits," Ph. D. dissertation,

Georgia Institute of Technology, 2008. 已获授权）

地线，如图 2.18 所示。首先，将铜的种子层通过 DC 溅射沉积在 FR4 板上，并利用了薄的（ $\approx 150 \text{Å}$ [①]）钛层提高铜在衬底上的黏附度。采用正性光刻胶对地线进行图案化。随后使用光刻胶模板对这些接地线进行电镀。电镀条件会影响铜线的表面粗糙度和厚度，进而影响到传输线的特性。

牺牲聚碳酸丙烯基聚合物随后被旋涂在结构上并被图案化。通常，光致酸发生剂会被加入到聚碳酸丙烯酯中，使其可曝光成像。然后，在随后将被图案化的牺牲材料顶部，信号线被溅射涂覆和电镀到完整厚度。可曝光成像的涂层材料被旋涂到信号线之上。通常，会采用黏附促进剂来改善涂层和铜信号线之间的黏附强度。在涂层被图案化之后，牺牲材料被穿过涂层分解，以形成空气腔。对于常规的 FR4 板，分解温度必须被限制到 200℃，以防止板的损坏。相比于 FR4 板，硅衬底允许更高的处理温度，当然，分解温度也不应对涂层材料产生热损坏。一旦接地和信号线结构制作完成，芯片对板的连接可能还需要额外的处理步骤。芯片的连接可以用倒装芯片焊接方式完成。Chen 等[19]进一步演示验证

---

① 1Å = 0. 1nm。

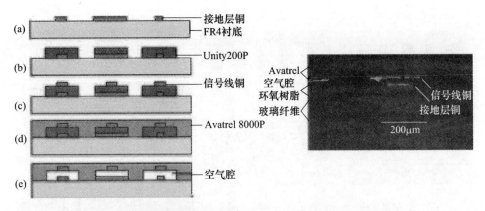

图 2.18 （左）使用牺牲聚合物制作气腔包覆互连的流程图和（右）
气腔结构的光学图像（ⓒ2012IEEE. 已获授权）

了一条采用这种气隙结构的发射机和接收机的有效低功耗链路，实现了 26% 的介电损耗下降。有效链路运行在 6.25Gb/s，使用 1.2V 电源供电时消耗 3.7mW。

Spencer 等[5] 演示了一个稍微不同的结构。在该报道中，涂层材料被置于地线与信号线之间，使得地线位于涂层之上，如图 2.19 所示。该结构在信号和接地之间不具有完整的空气腔，因此无法充分利用空气间隙的优势，但是会在机械上更加鲁棒。

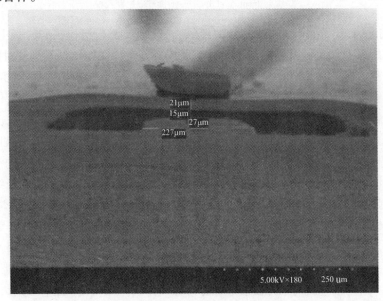

图 2.19 地线位于涂层之上的气隙互连的 SEM 图像（ⓒ2007IEEE. 已获授权）

TDP 空气腔的新颖混合型设计已被提出,目前正在研究[21]。图 2.4 展示了一个这样的结构,其处理流程如图 2.20 所示。这些结构包含了屏蔽双导线的引脚,可实现完全的片外连接。如图 2.20 所示,接地铜线首先被电镀到所需的厚度,随后被图案化。厚的聚酰亚胺层被旋涂和图案化在铜的上方,并且可热降解的聚合物 PPC 被图案化在聚酰亚胺壁之间。薄的氧化物/聚酰亚胺支撑体被构建在聚酰亚胺的顶部,并且 PPC 被分解,以暴露出空气腔。差分信号对(铜)被图案化和电镀在由薄的氧化/聚酰亚胺界面支撑的气隙顶部。然后用 Avatrel 8000P 材料制成了屏蔽双导线引脚,作为电镀在溅射的金之上焊接模具。

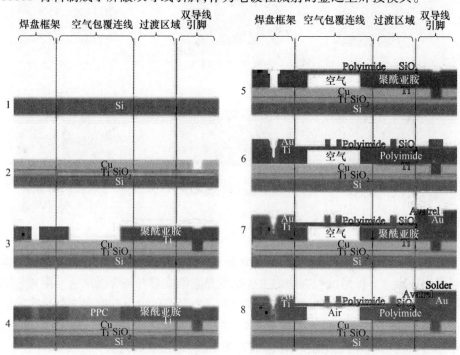

图 2.20　采用了屏蔽双导线封装来实现片外连接的混合气腔结构的工艺流程

为了容纳屏蔽双导线连接,在这样的结构中还需要附加几个工艺步骤。对于垂直集成,最近有人提出了另一种新技术,使用的 TDP 来形成贯通的 TSV 的空气包覆(图 2.5)。对于为了达到阻抗匹配而对空气包覆传输线的延伸,空气包覆的 TSV 可以提供整体结构方面的显著电学改进。图 2.21 所示为所提出的制造流程。化学镀工艺首先被用于将铜涂覆在 TSV 侧壁上,然后 TSV 被 PPC 填充,随后 PPC 又被分解。由于 PPC 溶液和 TSV 侧壁上的铜之间独特的相互作用,与铜接触的 PPC 的热分解温度会被提高[30]。因此,在 PPC 分解后,一个 PPC 薄层会包覆在铜侧壁上。铜过孔被电镀在硅之中,而 PPC 涂层在较高温度

43

下分解,以露出空气包覆的连接。化学镀铜与硅的黏附性差,这是这一工艺的主要局限性之一。化学镀铜种子层的去除将需要对晶片的两侧机械抛光。

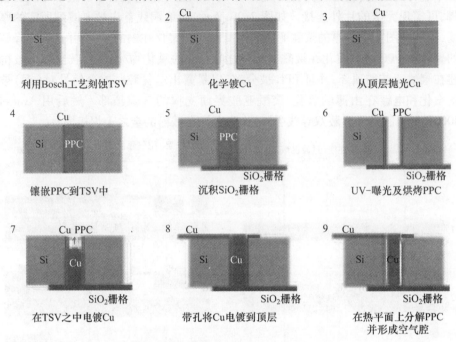

图 2.21　空气包层 TSV 的工艺流程

在每个已讨论的技术之中,都存在影响将其集成到 CMOS 工艺流程的具体优点和缺点。非保形沉积方法的主要缺点是它们需要在各金属层进行附加气隙的光刻步骤。由于空气间隙可能会被引入具有最高的电气性能要求的最窄间隔内,所以必须考虑附加的光刻步骤的成本[27]。为了克服此限制,对铜线具有最小伤害的毯状电介质回蚀技术(沟槽直接刻蚀)正在被研究。

采用聚合物作为牺牲材料也提出了一些限制。在 200℃ 下很难实现完整的镶嵌集成方案。在气隙形成之后,IMD 的机械稳定性也成为了一个问题。如果牺牲材料在每次金属级形成后取出,则还需要处理过孔对准失配的问题[27]。由于这些限制,TDP 已主要被用于板级互连。

2.4　结　　论

气隙结构已被证明可以通过降低有效介电常数来减小连线电容。然而,应用到芯片到芯片互连之中还是一个相对较新的概念。芯片到芯片互连代表了高

44

速电子系统性能的一大瓶颈。空气包覆、芯片到芯片互连可以比传统衬底提供显著的性能改善。结果已经表明,利用这些空气包覆互连可令介电损耗显著减少。此外,为了确保互连线能够更宽而达到相同的阻抗值,使用带有空气电介质的 Low - k 材料,需要重新设计金属和电介质的间距。这带来导体损耗的进一步降低。合起来看,这两种现象都可导致能量/比特的下降和更高的带宽密度。因此,用空气包覆互连的平面链接可以实现显著提升。但是,对于 3D 互连的芯片到芯片连接来说,过孔、间断点和过渡点仍继续是剩余的性能瓶颈,还需要继续重点研究。从加工的角度来看,通过 PECVD 工艺进行电介质的非保形沉积以及牺牲层的刻蚀/分解两种技术,都展现出了发展前景。当然,具体的挑战还需要解决。

致　谢

作者感谢半导体研究公司计划 Focus Center Research Program 资助的 6 个研究中心之一——Interconnect Focus Center 的支持。作者也非常与感谢佐治亚理工学院的 Naeemi 研究小组和佛罗里达大学 Bashirullah 研究小组的成员所进行的有价值的技术讨论,以及他们所给出的指导意见。

参 考 文 献

1. W. J. Dally and J. W. Poulton, *Digital Systems Engineering*, Cambridge University Press, Cambridge, UK, 1998.
2. R. Sharma and T. Chakravarty, *Compact Models and Measurement Techniques for High-Speed Interconnects*, Springer, New York, 2012.
3. B. Shieh et al., "Air-gap formation during IMD deposition to lower interconnect capacitance," *IEEE Electron Device Letters*, vol. 19, no. 1, pp. 16–18, 1998.
4. B. P. Shieh et al., "Integration and reliability issues for low capacitance air-gap interconnect structures," *Proceedings of IITC 1998*, pp. 125–127, 1998.
5. T. J. Spencer et al., "Air-gap transmission lines on organic substrates for low-loss interconnects," *IEEE Transactions on Microwave Theory and Techniques*, vol. 55, no. 9, pp. 1919–1925, 2007.
6. S. Park et al., "Materials, processes, and characterization of extended air gaps for the intra-level interconnection of integrated circuits," Ph.D. dissertation, Georgia Institute of Technology, 2008.
7. J. Noguchi et al., "Simple self-aligned air-gap interconnect process with Cu/FSG structure," *Proceedings of IEEE IITC 2003*, pp. 68–70, 2003.
8. J. Noguchi et al., "Multilevel interconnect with air-gap structure for next generation interconnections," *IEEE Transactions on Electron Devices*, vol. 56, no. 11, pp. 2675–2682, 2009.
9. L. G. Gosset et al., "Integration of SiOC air gaps in copper interconnects," *Microelectronics Engineering*, vol. 70, no. 2–4, pp. 274–279, 2003.
10. P. A. Kohl et al., "Air gaps for electrical interconnections," *Electrochemical and Solid-*

State Letters, vol. 1, no. 1, pp. 49–51, 1998.

11. P. A. Kohl et al., "Air-gaps in 0.3 μm electrical interconnections," *IEEE Electron Device Letters*, vol. 21, no. 12, 2000.

12. S. Park et al., "Air gaps for high-performance on-chip interconnect, Part I: Improvement in thermally decomposable template," *Journal of Electronic Materials*, vol. 37, no. 10, pp. 1524–1532, 2008.

13. T. J. Spencer et al., "Air cavity low-loss signal lines on BT substrates for high-frequency chip-to-chip communication," *Proceedings of IEEE ECTC 2009*, pp. 1221–1226, 2009.

14. V. Sukharev et al., "Reliability studies on multiple interconnection with intermetal dielectric air gaps," *Microelectronic Reliability*, vol. 41, pp. 1631–1635, 2001.

15. B. P. Shieh et al., "Electromigration reliability of low capacitance air-gap interconnect structures," *Proceedings of IEEE IITC 2002*, pp. 203–205, 2002.

16. M. Pantouvaki et al., "Dielectric reliability of 70 nm pitch air-gap interconnect structures," *Microelectronic Reliability*, vol. 88, pp. 1618–1622, 2011.

17. X. Zhang et al., "Impact of process induced stresses and chip-packaging interaction on reliability of air-gap interconnects," *Proceedings of IEEE IITC 2008*, pp. 135–137, 2008.

18. N. Nakamura et al., "Cost-effective air-gap interconnects by all-in-one post-removing process," *Proceedings of IEEE IITC 2008*, pp. 193–195, 2008.

19. J. Chen et al., "Air-cavity low-loss transmission lines for high-speed link applications," *Proceedings of IEEE ECTC 2011*, pp. 2146–2151, 2011.

20. V. Kumar et al., "Modeling, optimization and benchmarking of chip-to-chip electrical interconnects with low-loss air-clad dielectrics," *Proceedings of IEEE ECTC 2011*, pp. 2084–2090, 2011.

21. R. Sharma et al., "Design and fabrication of low-loss horizontal and vertical interconnect links using air-clad transmission lines and through silicon vias," *Proceedings of IEEE ECTC 2012*, pp. 2005–2012, 2012.

22. H. Hasegawa et al., "Properties of microstrip line on Si-SiO$_2$ system," *IEEE Transactions on Microwave Theory and Techniques*, vol. 19, no. 11, pp. 869–881, 1971.

23. H. J. Yoo et al., "Demonstration of a reliable high-performance and yielding air gap interconnect process," *Proceedings of IEEE IITC 2010*, pp. 1–3, 2010.

24. H.-W. Chen et al., "A self-aligned air-gap interconnect process," *Proceedings of IEEE IITC 2008*, pp. 34–36, 2008.

25. J. P. Gueneau de Mussy et al., "Selective sidewall air-gap integration for deep submicrometer interconnects," *Electrochemical and Solid-State Letters*, vol. 7, no. 11, pp. G286–G289, 2004.

26. R. Gras et al., "300-mm multilevel air-gap integration for edge interconnect technologies and specific high-performance applications," *Proceedings of IEEE IITC 2008*, pp. 196–198, 2008.

27. M. B. Anand et al., "NURA: A feasible gas-dielectric interconnect process," *1996 Symposium on VLSI Technology Digest of Technical Papers*, pp. 82–83, 1996.

28. L. G. Gossett et al., "General review of issues and perspectives for advanced copper interconnections using air gap as ultra-low K material," *Proceedings of IEEE IITC 2003*, pp. 65–67, 2003.

29. Todd J. Spencer et al., "Air-cavity transmission lines for off-chip interconnects characterized to 40GHz," *IEEE Transactions on Components, Packaging and Manufacturing Technology*, vol. 2, no. 3, pp. 367–374, 2012.

30. T. Spencer et al., "Stabilization of the thermal decomposition of poly(propylenecarbonate) through copper ion incorporation and use in self-patterning," *Journal of Electronic Materials*, 40, p. 1350, 2011.

第3章　硅基光子布拉格光栅

Xu Wang，Wei Shi，Lukas Chrostwoski

3.1　引　　言

　　硅光子学汇集了改变20世纪的两大技术——电子学和光子学,因而展现出了巨大的潜力与发展动力。互补金属氧化物半导体(Complementary Metal – Oxide Semiconductor，CMOS)制造技术可以大大降低光子器件的制造成本,并且可实现与电子芯片的直接集成。布拉格光栅作为实现波长选择功能的基本元件,已被广泛应用于众多的光学器件,如半导体激光器和光纤。在过去的几年中,在硅波导中集成布拉格光栅已经吸引了越来越多的研究兴趣。本章,将从应用于更复杂的光栅器件中的简单均匀光栅开始,讨论硅光子布拉格光栅的近期发展。还提供了一些对设计和制造中实际问题和挑战的理解。

3.2　硅波导中的均匀布拉格光栅

3.2.1　理论

　　在最简单的配置中,布拉格光栅是一个沿光学模式传播方向上对有效折射率进行周期性调制的结构,如图3.1所示。这种调制通常是通过改变波导的折射率(如交替变换材料)或物理维度来实现的。在每一个边界上,会发生传输光的反射,反射信号的相对相位由光栅周期和光波长决定。有效折射率的重复调制导致多重分布式反射。反射的信号只在一个特定波长附近的窄带内发生相长干涉,这一波长即布拉格波长。在这个范围内,光被强烈反射。在其他波长,多次反射干涉互相抵消,导致光会透射穿过光栅。图3.2所示为典型的均匀布拉格光栅的光谱响应。布拉格波长可表示为

$$\lambda_B = 2\Lambda n_{eff} \tag{3.1}$$

式中:Λ为光栅周期;n_{eff}为平均有效折射率。

　　基于耦合模理论[1],长度为L的均匀光栅的反射系数可描述为

$$r = \frac{-\,i\kappa\sinh(\gamma L)}{\gamma\cosh(\gamma L) + i\Delta\beta\sinh(\gamma L)} \tag{3.2}$$

其中

$$\gamma^2 = \kappa^2 - \Delta\beta^2 \tag{3.3}$$

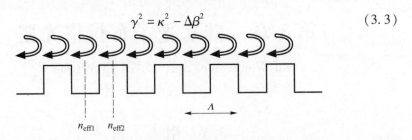

图 3.1　均匀光栅的纵向有效折射率剖面

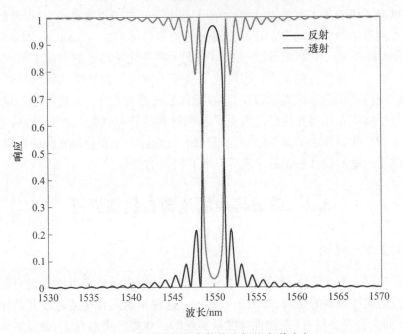

图 3.2　典型的均匀布拉格光栅的光谱响应

在这里,$\Delta\beta$ 为传播常数相对于布拉格波长的偏移量,即

$$\Delta\beta = \beta - \beta_0 \ll \beta_0 \tag{3.4}$$

并且 κ 通常被定义为光栅的耦合系数,可以被解释为单位长度的反射量。逐步有效折射率的变化如图 3.1 所示($\Delta n = n_{eff2} - n_{eff1}$),根据菲涅耳方程每个界面的反射可以写为 $\Delta n/2n_{eff}$。每个光栅周期产生两次反射,因此耦合系数为

$$\kappa = 2\,\frac{\Delta n}{2n_{eff}}\,\frac{1}{\Lambda} = \frac{2\Delta n}{\lambda_B} \tag{3.5}$$

48

对于一个符合正弦规律变化的有效折射率 $n(z) = n_{eff} + \Delta n/2 \cdot \cos(2\beta_0 z)$，耦合系数可按下式求出[1]：

$$\kappa = \frac{\pi \Delta n}{2\lambda_B} \qquad\qquad (3.6)$$

同样，对于其他形式的有效折射率，可以进行傅里叶展开，$n(z) = n_{eff} + \sum_i \Delta n_i/2 \cdot \cos(i \cdot 2\beta_0 z)$，耦合系数可以由傅里叶变换的一阶分量得出：$\kappa = \pi\Delta n_1/(2\lambda_B)$。

对于 $\Delta\beta = 0$ 的情况，式 (3.2) 可写为 $r = -i\tanh(\kappa L)$，因此，布拉格波长处的峰值功率反射率为

$$R_{peak} = \tanh^2(\kappa L) \qquad\qquad (3.7)$$

带宽也是布拉格光栅的一个重要的评价指标。在共振频率第一对零点之间的带宽可以由下式决定[1]：

$$\Delta\lambda = \frac{\lambda_B^2}{\pi n_g}\sqrt{\kappa^2 + (\pi/L)^2} \qquad\qquad (3.8)$$

式中：n_g 为分组序号，应注意到它大于 3dB 带宽。

3.2.2 硅波导集成

2001 年，Murphy 等[2] 研究人员首次报道了将布拉格光栅集成于绝缘硅(Silicon – on – Insulator, SOI)波导之中。通常，通过在硅波导上进行物理刻划来制作光栅。这与光纤布拉格光栅通过光敏光纤暴露在强紫外(UV)光下是纤芯产生折射率调制的制造方法是不同的。除了使用物理刻划方法，还有一些其他方法用于形成硅基光栅，如离子注入布拉格光栅[3]，但是因其不太常用，本书不做过多讨论。

在本节中，讨论两种最常见的用于集成光栅的波导结构：条形波导光栅和脊形波导光栅。

3.2.2.1 条形波导光栅

条形波导(也称为光子导线和通道波导)通常具有非常小的截面。图 3.3 所示为广泛用于最先进的硅光子电路中的一个条形波导的截面。顶部硅基层和填埋氧化层的厚度分别为 220nm 和 2μm，波导的宽度为 500nm。如图 3.4 所示，由于纤芯(硅)和包层(氧化物或空气)的高折射率差异，光束被强烈地限制在纤芯中。这种强大的光学限制允许非常紧密的弯曲(弯曲半径可以为几微米，并且弯曲损耗可以忽略不计)。

光栅的刻划通常在波导侧壁进行，因此，光栅和波导的刻划可以在一个光刻

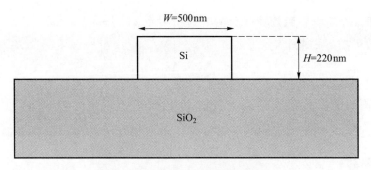

图 3.3　条形波导的横截面示意图

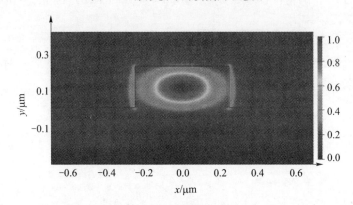

图 3.4　仿真得到的条形波导中的基本横向电场(TE)模式分布

步骤中同时完成。由于小的波导几何结构和光学模式尺寸,侧壁上的小扰动能够引起相当大的光栅耦合系数,从而导致大的带宽。有实验证明带宽通常在几十个纳米量级[4,5]。迄今报道的最低带宽约为 0.8nm[6],然而,作者在设计中使用了一个非常小的 10nm 的刻划宽度,而由于光刻技术的平滑效应,实际的刻划宽度会更小。因此,直接在侧壁上进行如此精细的刻划是相当有挑战性的。Tan 等通过将侧壁刻划过程移到波导之外,即在波导附近放置一个周期柱面阵列,演示了另一种实现类似的有效折射率微小扰动的思路。报道中提到:使用这种方法得到的带宽是纳米量级;然而,由于圆柱体依然很小(200nm 直径)并且为孤立结构,这种方法仍然对制造误差敏感。

　　图 3.5(a)所示为一个制造的直条形波导的斜横截面 SEM(扫描电镜)图像[6]。应该注意的是,横截面轮廓不是完美的矩形,而是具有稍微倾斜的侧壁。此外,波导宽度和厚度也略偏离设计值。这样的几何缺陷将影响波导的有效折射率,并且通常会导致布拉格波长也偏离其设计值。图 3.5(b)所示为一个制造的波导的顶视 SEM 图像[6]。重要的是,如果使用光学光刻技术制造,实际制作

50

的光栅可能会被严重平滑。图 3.5(b)显示了这种情况,掩模设计中使用了方形沟槽,但制造出的沟槽出现了严重的圆滑,呈现出了类似正弦的形状。因此,为了获得所需的带宽,就应该考虑到这种平滑效果并对其进行补偿。补偿可以通过在掩模设计中使用比仿真取值更大的沟槽宽度,或者通过添加掩模校正功能来简单地实现[9]。然而,没有对光刻的仿真也不能轻易实现这种补偿[10],稍后将进行讨论。

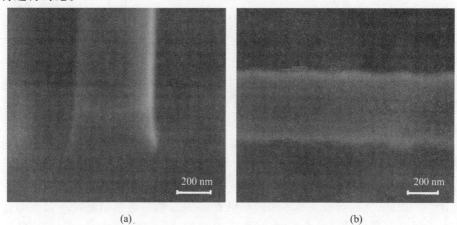

(a)　　　　　　　　　　　　(b)

图 3.5　条形波导光栅的 SEM 图像

(a)直条波导光栅的横截面图;(b)光栅的顶视图。

(引自 Wang et al.,Opt. Express,vol. 20,no. 14,pp. 15547 – 15558,2012.)

图 3.6 所示为条形波导光栅的透射光谱测量结果,其中的沟槽宽度为设计值。随着制沟槽宽度的增加,耦合系数也会增大,结果导致更大的带宽。

应该注意,使用 10nm 的刻划沟槽后,带宽如图 3.6 所示,约为 1.6nm,几乎是 Wang 等报道的数值的两倍[6]。这些刻划沟槽由同一个工厂制造,但出自不同的生产线。这表明即使使用相对成熟的生产工艺,如此之小的沟槽仍对制造中的变量高度敏感[11]。

3.2.2.2　脊形波导光栅

正如前面所讨论的,条形波导光栅拥有相当大的带宽,并对制造变量很敏感。但是,在如波分复用(Wavelength – Division Multiplexing, WDM)通道过滤器等的许多应用中需要窄带宽。脊形波导,一般具有更大的截面和更高的制造公差,是一种替代选择。

脊形波导光栅有多种结构形式。光栅刻线可以置于顶部表面[2,12,13]或侧壁上,侧壁上的刻线也可以位于脊部[14]或平台处[15]。顶面刻划结构通常有一个固定的刻蚀深度,因此,光栅耦合系数是常数。侧壁刻划结构的优点是沟槽宽度

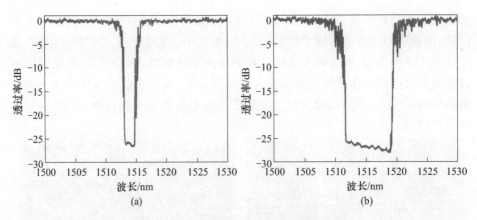

图 3.6　条形波导光栅的透射光谱测量结果

(a) 10nm 宽沟槽；(b) 40nm 宽沟槽。

很容易控制，这对复杂光栅轮廓的制作是至关重要的，如可以抑制反射旁瓣的变迹光栅[15]。

脊形波导几何结构通常设计为单模[16]。然而，名为单模的脊形波导也会有高阶泄漏模式，从而导致在基本布拉格波长的短波侧的透射谱出现不必要的旁瓣。为了从基模中分离这些泄漏模式，有必要缩小波导的尺寸[2]。由于小的波导尺寸更有利于提高集成密度与成本效率，这也是硅光子学的发展趋势。然而，直到我们的近期研究工作[8]之前，大多数在脊形波导上进行的集成光栅实验都有着较大的截面。

图 3.7 所示为脊形波导结构[8]。与图 3.3 所示的条形波导的唯一区别就是多出的平台区域。硅基厚度(H)仍为 220nm，浅刻蚀深度(D)为 70nm。脊形区宽度(W_1)为 500nm，平台宽度(W_2)只有 1μm。如图 3.8 所示，大部分的光被限制在脊形区之下，并且在脊形区和平台区的侧壁周围，光场与侧壁的重叠非常小。重叠的减少可以带来与条形波导光栅相比更弱的有效折射率扰动，从而可以得到更较小的耦合系数和更窄的带宽。此外，传输损耗也减小了。在脊形区或平台区的侧壁上产生周期性沟槽即可生成光栅。图 3.9 所示为脊形波导光栅的 SEM 图像。

器件的组成布局示意图则如图 3.10 所示。输入和输出端口是针对横向电场(TE)偏振所设计的波导到光栅耦合器[17]。Y 形分束器放置于输入光栅耦合器和脊形波导光栅之间来收集反射光。如图 3.3 所示的条形波导用于连接波导与 Y 形分束器，使得它们的封装尺寸和弯曲损耗最小化。

双层的线性锥体被设计为条形与脊形波导之间的过渡，并具有足够的长度，以确保过渡损耗可以忽略不计。

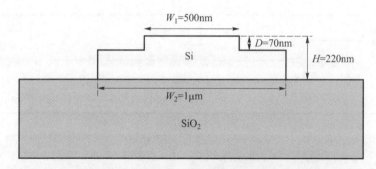

图 3.7　脊形波导的横截面示意图

图 3.8　仿真得到的脊形波导中的基本横向电场(TE)模式分布

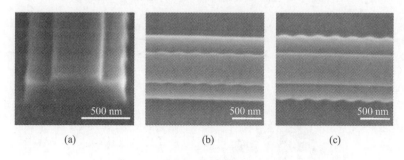

图 3.9　脊形波导光栅的 SEM 图像

(a) 栅位于平台区时,脊形波导光栅的横截面;(b) 栅位于波导脊形区时的顶视图,
沟槽纹宽度 60nm(设计值);(c) 栅位于的波导平台区时的顶视图,沟槽纹宽度 80nm(设计值)。
(引自 Xang et al. ,Opt. Express,vol. 20 ,no. 14 ,pp. 15547 – 15558 ,2012.)

　　图 3.11 展示了一个沟槽设计宽度为 60nm 的脊形波导制成后的透射和反
射光谱测量结果。可以看出,在透射谱的宽波长范围内只存在一个凹陷,表明高
阶泄漏模式距离基模很远(因此可忽略不计)。更重要的是,带宽只有 0.8nm,

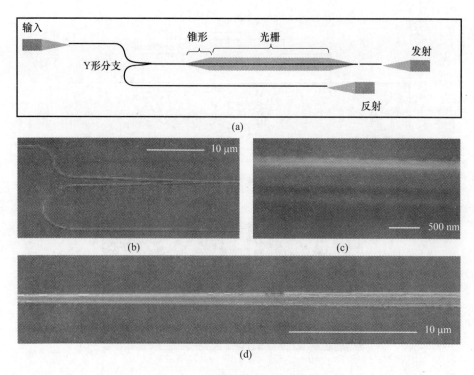

(a)

图 3.10　器件的组成布局示意图

（a）芯片布局的原理图；（b）Y 形分束器；（c）光栅；（d）条形区到脊形区过渡锥体的局部 SEM 图像。
（引自 Wang et al. , Opt. Express, vol. 20, no. 14, pp. 15547 - 15558, 2012. ）

这实际上是小于如图 3.6(a) 所示的沟槽宽度为 10nm 的条形波导光栅的。

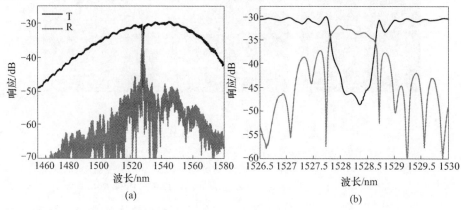

图 3.11　（a）一个沟槽设计宽度为 60nm 的脊形波导成品的光谱响应测量结果，
光谱的绘制没有进行归一化；（b）布拉格波长附近的局部放大图

图 3.12 所示为在同一个晶粒上实验测得的 3dB 带宽随不同光栅结构及沟槽设计宽度变化的曲线。为了获得亚纳米级的带宽,如果使用条形波导,需要小于 10nm 的沟槽宽度,然而,如果使用脊形波导的平台区,则 80nm 的沟槽宽度应该是合适的。这意味着脊形导光栅有宽松的制造容差。对于脊形波导光栅,0.4 ~ 0.8nm 的 3dB 带宽范围,适合许多类似 WDM 通道过滤器之类的窄带应用,当然可能需要利用变迹技术来抑制旁瓣。

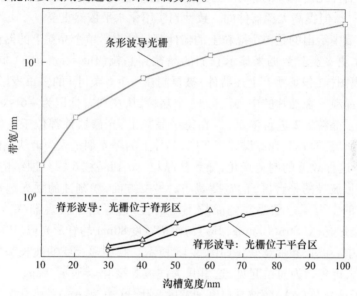

图 3.12　在同一个晶粒上测得的 3dB 带宽随不同
光栅结构及沟槽设计宽度变化的曲线

总之,对脊形波导进行了优化以减少侧壁附近的光场,同时保持截面小、单模工作。相比于条形波导光栅,两种结构都表现出了更窄的带宽和更高的制造容差。此外,在很宽的光谱范围内也没有观察到更高阶的泄漏模式。相对于具有相对较小的自由光谱范围的环形谐振器和具有较高阶泄漏模式的庞大脊形波导光栅,这是一个显著的优点。

3.2.3　互补金属氧化物半导体(CMOS)兼容制造

在制造方面,电子束光刻技术已经广泛用于 SOI 布拉格光栅的制造。它可以在纳米量级产生特征,这对小型沟槽尤为重要。但是,它不适合商业应用[17]。作为替代,我们将探索使用 CMOS 工艺技术进行制造的可能性。深紫外(Deep – Ultraviolet, DUV)光刻技术,特别是在 193nm[11],已被证明是能够制造高质量的硅光子器件。更重要的是,它是 CMOS – 兼容的,并可用于量产。本节中给出的器件都是通过 ePIXfab[18] 在 IMEC 使用 CMOS – 兼容工艺制造的。模式是使用 ASMLPAS5500/1100 步进扫描系统的投影光刻和干刻蚀工艺定义的[19]。

3.2.3.1 制造一致性

许多硅光子学器件对尺度变化高度敏感,例如,宽度或厚度的偏差会导致波长选择性器件光谱响应的移动。虽然可以利用有源元件(如热或电调节)进行精确补偿[20],但提高无源器件的一致性到实用化水平依然重要。

前一节中给出的是单个晶粒上的器件测量结果。单个晶粒上的器件在本节中,将提供更多实验数据来显示它们的晶粒到晶粒(Die – to – Die)非均匀性。这里,掩模图样(包括所有上述器件)被复制在一个 6 英寸①的多重投影晶片上,形成许多晶粒。在晶片的中心行有 13 个晶粒,从左到右标记为 –6 ~6(在前一节中使用了晶粒 –2 进行演示)。在每个晶粒上,光栅器件都位于一个小区域内。为了研究的目的,在深腐蚀工艺中,晶片上的曝光剂量人为地从左向右依次增加[11]。这种故意的制造变化,导致从晶粒 –6 到晶粒 6 深刻蚀结构(如条形波导或脊形波导的平台区)的宽度减小。另一方面,浅刻蚀的曝光剂量在晶片上是恒定的。为了评估晶粒到晶粒不均匀性,选择两个代表器件:沟槽宽度 40nm 的条形光栅(Strip Grating, SG)与沟槽宽度 80nm 的脊形光栅(Rib Grating, RG)。其中心波长和带宽变化如图 3.13 所示。很明显,SG 的波长和带宽的变化比 RG 大得多。为简单起见,这里只关注波长变化。基于 Wang 等[8] 的仿真结果,波长变化量($\Delta\lambda$)随波导厚度和宽度变化量(Δt 和 Δw)的变化关系几乎是线性的,因此,其斜率可以定义为敏感度。表 3.1 列出了敏感度的仿真结果。

表 3.1　不同厚度和宽度变化下的布拉格波长灵敏度仿真结果

结构	$\Delta\lambda/\Delta t/(\mathrm{nm/nm})$	$\Delta\lambda/\Delta w/(\mathrm{nm/nm})$
条形波导光栅	2.6	1.2
脊形波导光栅	2.5	0.065

注:对于脊形波导,厚度变化被应用于总厚度,浅刻蚀深度假定为不变量,并且宽度变化仅被应用于平台区域

可以看到,两个结构对厚度变化比对宽度变化更敏感。在脊形波导的情况下尤其如此,其对宽度变化的灵敏度非常低。这与前面提到的,脊形波导中在侧壁附近的光场强度很低的结论是一致的。

为了提取布拉格波长变化的来源,可以写一对方程来描述矩阵形式的变化[8]:

---

① 1 英寸(in) = 0.0254 米(m)。

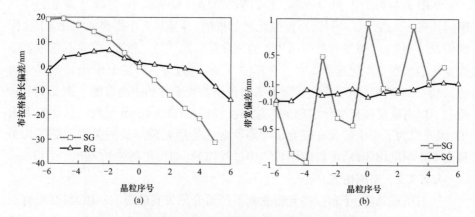

图 3.13　测量得到的两个光栅器件的晶粒到晶粒非均匀性

（a）布拉格波长相对均值的偏离；（b）宽相对均值的偏离。

$$
\begin{bmatrix} \dfrac{d\lambda_{SG}}{dt} & \dfrac{d\lambda_{SG}}{dw} \\[3mm] \dfrac{d\lambda_{RG}}{dt} & \dfrac{d\lambda_{RG}}{dw} \end{bmatrix} \begin{bmatrix} \Delta t \\[2mm] \Delta w \end{bmatrix} = \begin{bmatrix} \Delta\lambda_{SG} \\[2mm] \Delta\lambda_{RG} \end{bmatrix}
\tag{3.9}
$$

式中：λ_{SG} 和 λ_{RG} 分别为 SG 和 RG 的布拉格波长变化量；Δt 和 Δw 分别为厚度和宽度变化量；2×2 矩阵中元素为表 3.1 中的敏感度仿真值。通过将图 3.13（a）中的实验数据插入式（3.9）的右侧，可以提取尺寸变化，如图 3.14（a）所示。这种方法类似于 Zortman 的工作[21]，利用微盘谐振腔的 TE 模和横磁场（Transverse - Magnetic，TM）模式提取尺寸偏差。在这里，使用两个器件来替代，并做了一些近似来简化分析[8]。

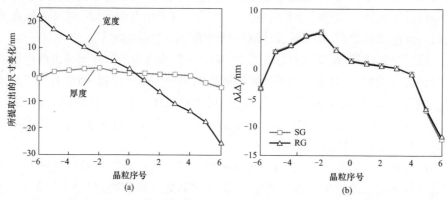

图 3.14　（a）基于式（3.9）提取的尺寸变化；（b）由于厚度变化引起的布拉格波长偏移

从图 3.14(a)中,可以看到,宽度随晶粒序号显著减小,与曝光剂量的变化序列具有一致性[11]。另外,厚度变化是随机的,并且具有小得多的变化范围(标准偏差约为 2nm,与先前类似晶片上的测量值一致[19])。然而,这并不意味着厚度变化不如宽度变化重要。对于脊形波导光栅,因为器件对厚度比对宽度更敏感,如表 3.1 所列,厚度变化实际上是布拉格波长变化的主要来源。图 3.14(b)绘制了仅由厚度随机变化引起的布拉格波长偏移,在 ±10nm 量级。这显然太大了,因而成为了一个需要在硅光子电路商业化生产之前解决的关键问题。为了提高 SOI 厚度均匀性,可以应用自适应过程控制(如校正刻蚀)方法[22]。

3.2.3.2 光刻仿真

如前所述,硅光子布拉格光栅受到了严重光刻失真的影响。因此,必须将制造工艺的影响纳入设计流程中考虑,认真对待[9]。在这里,使用先进的光刻仿真工具[23]来预测单刻蚀条形波导光栅的制造缺陷[10]。首先,选择一个器件来校准光刻模型,使得后光刻仿真能与实验数据相拟合。然后,对于所有其他器件将其作为固定模型。这里,用于校准的器件是设计有 40nm 正方形沟槽的带状波导光栅(称为器件 A)。图 3.15 所示为对器件 A 的光刻仿真,可以看到沟槽被极大地平滑了。在光刻仿真之后,使用二维(2D)时域有限差分(FDTD)方法仿真了虚拟制作的光栅器件的光谱响应,然后将它们与初始设计以及实际实制器件的测量结果做了对比。图 3.16(b)所示为器件 A 的透射光谱。可以看出,初始设计的带宽比实制器件的带宽大得多。消光比的测量值小于由 FDTD 仿真的预测值。这种差异可能源于多种因素,例如侧壁粗糙[25]和测量限制。图 3.16(a)所示为使用 20nm 正方形沟槽设计的器件的结果。类似地,刻蚀后仿真的带宽也比初始设计窄得多,与测量带宽显示出了良好的一致性。图 3.17 所示为仿真和测量带宽值与沟槽设计宽度的关系曲线。对于所有的器件,刻蚀后仿真值均与测量值非常吻合,而初始设计值与测量值之间差别非常大。

值得注意的是,在光刻制造工艺中,难以对各种类型的图样同时进行照射的优化设置。例如,针对诸如光子连线等隔离结构而优化的设置,通常对光子晶体之类的密集结构并不适用[11]。虽然这里仅说明了光刻仿真可以有效地预测波导布拉格光栅的制造,但是该技术还可以应用于许多其他硅光子器件,比如同样对光刻畸变非常敏感的光子晶体。

在电路级或系统级,光刻仿真甚至更为必要。我们认为这是硅光子学领域制造设计方向上的重要一步。当然,仍有许多问题需要解决,但是幸运的是,硅光子制造技术的发展可以从微电子工业中现存的大量知识库以及在该特定领域中的持续进步中获益。

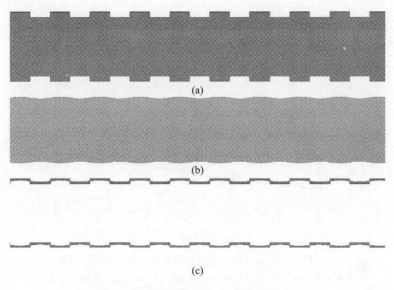

图 3.15　器件 A 的光刻仿真

（a）初始的设计；（b）仿真结果；（c）（a）和（b）之间的 XOR。

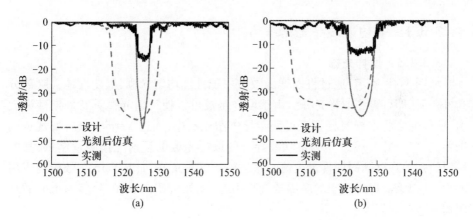

图 3.16　设计宽度为 20nm 和 40nm 的方形沟槽器件的对比

（a）20nm；（b）40nm。

（引自 Wang et al. ,2012IEEEInt. Conf. GroupIVPhoton. ,pp. 288 － 290 ,2012. ）

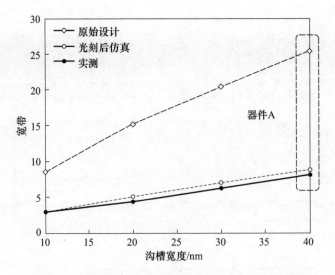

图 3.17 仿真和测量带宽值与沟槽设计宽度的关系曲线

（引自 Wang et al. ,2012IEEEInt. Conf. GroupIVPhoton. ,pp. 288 – 290 ,2012. ）

3.3 布拉格光栅在硅光子学中的应用

3.3.1 非均匀波导光栅结构

3.3.1.1 取样光栅

如图 3.18 所示,通过将取样函数应用于常规均匀光栅,周期性地去除部分光栅单元,即可得到取样光栅。由于取样函数可以使反射光谱具有周期性最大值,所以通常将取样光栅置于可调半导体激光器中,通过 Vernier 效应实现宽调谐范围[26]。图 3.19 所示为带状波导上的取样光栅的反射光谱测量结果,其中可以清楚地观察到周期性最大值。这种梳状反射光谱,加上 Vernier 效应的应用潜力,使得该器件对未来的应用颇具吸引力,例如可调硅激光器、多通道分插复用器和色散补偿[6]。

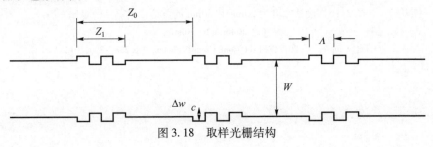

图 3.18 取样光栅结构

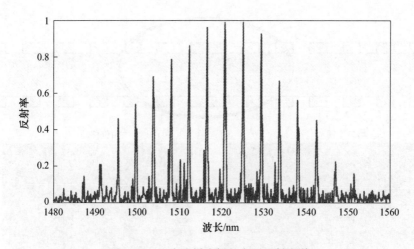

图 3.19　一个取样光栅的实测反射光谱

（引自 Wang et al. , IEEEPhoton. Tech. Lett. , vol. 23 , no. 5 , pp. 290 – 292 , 2011. ）

3.3.1.2　相移光栅

我们知道,均匀光栅的透射光谱在布拉格波长附近具有一个阻带。如果在光栅中间引入如图 3.20 所示的相位移动,则在阻带内将出现一个窄的谐振透射窗口,因此它可以用作带通透射滤光片[27]。通常,为了使谐振峰位于阻带的中心,可以设定相移的长度为光栅周期的一半。图 3.21 所示为成品器件的透射光谱测量结果。可以清楚地看到,窄的谐振峰出现在阻带的中心。谐振线宽度约为 50pm,对应的品质因数(Q)高约 30000。

3.3.2　光栅辅助反向耦合器

分插滤波器是波分复用(WDM)系统的必要组件,并已广泛用于 SOI 平台[28]。在这些器件中,环形谐振器分插滤波器受到了极大关注[28,29]。然而,微环谐振器具有洛伦兹型的下分－端口响应和有限的自由光谱范围(FSR)。为了获得理想的下降端口响应,只能增加复杂度,例如使用具有 Vernier 效应的串联耦合跑道型谐振器[30]。布拉格光栅广泛用于光通信和传感应用,例如波长滤波器、色散工程、可调激光器和反射传感器等。它不受具有 FSR 和平坦峰光谱两个特征的困扰。因为这两个特征可以很容易地通过选择适当的电介质干扰结构和几何参数(如光栅周期和尺寸、波导宽度,以及变迹轮廓等)而消除掉。然而,大多数实验验证的布拉格器件工作于反射模式(双端口器件),这对集成光环行器带来了挑战性要求。

光栅辅助反向耦合器(Contradirectional Couplers, Contra – DCs)在工作波长处没有或仅有非常弱的反射,因此本质上适合用作波长选择性的上下－路滤波器

61

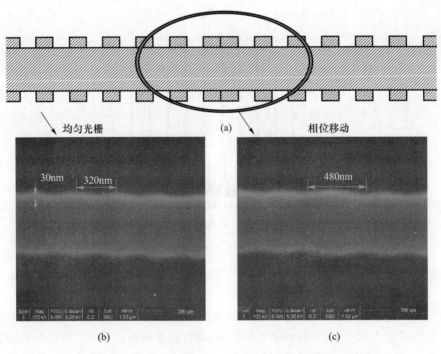

均匀光栅　　　　　　　　(a)　　　　　　　相位移动

(b)　　　　　　　　　　　　　　(c)

图 3.20　相移光栅(a)示意图;(b)(c)一个成品器件的 SEM 图像
（引自 Wang et al. ,2011IEEEPhoton. Conf. ,pp. 869 – 870 ,2011. ）

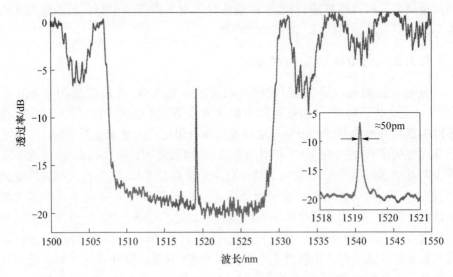

图 3.21　制作于条形波导上的相移光栅的实测透射光谱
（插图为共振峰周围的放大图）

（四端口器件），避免额外添置光隔离器或环行器[31]。最近的研究表明，硅光子学反向耦合器适合于 WDM 滤波器、色散补偿，以及非线性脉冲压缩等应用[32-35]。

在本节中，将讨论硅光子反向耦合器的设计和特性。从使用耦合模式分析反向耦合器的原理开始。然后，从 CMOS 光子制造的角度，讨论实现集成反向耦合器的波导和光栅结构，对仿真和设计考虑的一般流程进行描述。然后讨论一个利用相移反向耦合器及其响应的电调谐构造的四端口光子谐振器。最后，展示如何将反向耦合器与微环谐振器集成，以使微环谐振器的响应具有波长选择性耦合。

3.3.2.1 原理

如图 3.22 所示，反向耦合器是四端口器件，由两个相互之间形成介电扰动的波导组成。两个波导被设计为具有显著不同的传播常数，因此，可以在没有扰动的情况下达到没有或仅有非常弱的宽带、同向耦合。由于 SOI 波导的高色散，这种耦合器不对称性可以通过改变波导宽度轻易获得。在由扰动/光栅间距[31]确定的相位匹配条件附近，可借助于控制扰动或光栅获得带限的反向耦合。

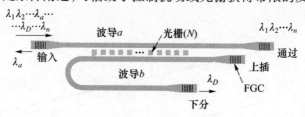

图 3.22　用于光学测试的配有光纤光栅耦合器（Fiber Grating Couplers，FGC）的
反向耦合器原理图

（引自 Shi et al. Opt. Lett. , vol. 36, pp. 3999 – 4001, 2011. ）

在这种情况下，耦合器中光的电场可以表示为

$$E(x,y,z) = A^+(z)\mathrm{e}^{-\mathrm{i}\beta_a z}E_a(x,y) + B^-(z)\mathrm{e}^{\mathrm{i}\beta_b z}E_b(x,y) \tag{3.10}$$

式中：E_a，E_b 分别为主要局限于波导 a 和波导 b 中、分别向相反方向传播的横模的归一化的电场分布；β_a，β_b 为相应的传播常数。

主导两种模式之间耦合的方程为[36]

$$\frac{\mathrm{d}A^+}{\mathrm{d}z} = -\mathrm{i}\kappa B^- \mathrm{e}^{\mathrm{i}\Delta\beta z} \tag{3.11a}$$

$$\frac{\mathrm{d}B^-}{\mathrm{d}z} = \mathrm{i}\kappa^* A^+ \mathrm{e}^{-\mathrm{i}\Delta\beta z} \tag{3.11b}$$

式中：$\Delta\beta$ 由下式给出，即

$$\Delta\beta = \beta_a + \beta_b - m\frac{2\pi}{\Lambda} \tag{3.12}$$

式中:Λ 为光栅间距,对于一阶光栅设计将 m 设定为 1;κ 为分布耦合系数,代表在两个模式之间的耦合强度,并由下式给出[36],即

$$\kappa = \frac{\omega}{4} \iint \boldsymbol{E}_a^*(x,y) \cdot \Delta\varepsilon_1(x,y)\boldsymbol{E}_b(x,y)\,\mathrm{d}x\mathrm{d}y \tag{3.13}$$

式中:ω 为光学频率;$\Delta\varepsilon_1$ 为电介质扰动的一阶傅里叶分量。

仅当达到或接近相位匹配条件时,$\boldsymbol{E}_a$ 和 $\boldsymbol{E}_b$ 才能高效耦合,即

$$\Delta\beta = 0 \tag{3.14}$$

此外,在每个单独模式的布拉格条件满足时,也会发生强的波导内反射。作为一个例子,图 3.23 所示为使用模式求解器计算出的一个反向耦合器的有效折射率,演示了如何基于相位匹配条件确定感兴趣波长[36]:$\lambda_a = 2n_a\Lambda$,$\lambda_b = 2n_b\Lambda$ 分别为波导 a 和 b 间的布拉格反射波长,其中 n_a 和 n_b 为有效折射率;Λ 为光栅间距;$\lambda_D = 2n_{av}\Lambda$,为对应于反向耦合的下分－端口中心波长,其中 $n_{av} = (n_a + n_b)/2$。

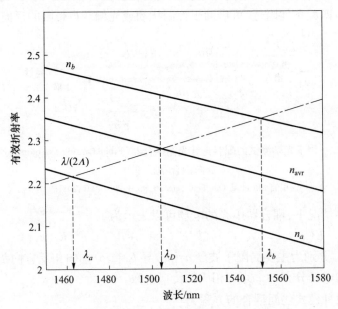

图 3.23　采用侧壁调制条形波导的反向耦合器的
前两个类——TE 模式的有效折射率计算值

求解式(3.11),可以得到功率耦合效率,由下式给出:

$$\eta = \frac{|\kappa|^2\sinh^2(sL)}{s^2\cosh^2(sL) + (\Delta\beta/2)^2\sinh^2(sL)} \tag{3.15}$$

式中:$L = N\Lambda$(N:周期数)为总的耦合长度;参数 s 由下式确定[36],即

64

$$s^2 = |\kappa|^2 - (\Delta\beta/2)^2 \tag{3.16}$$

3.3.2.2 使用反向耦合器的分插滤波器

这里,展示两种具有不同波导和光栅结构的硅反向耦合器。它们的横截面结构如图3.24所示。第一种使用条形波导,在波导侧壁上形成光栅。第二种具有脊形波导结构,在平台区上形成光栅。

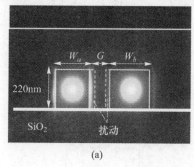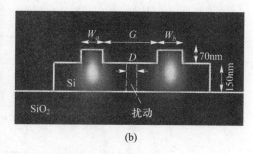

图3.24 两种具有不同波导和光栅结构的硅反向耦合器
(a)侧壁调制条形波导;(b)平台调制脊形波导之上。

这两种结构相比具有各自的优点。条形波导只需要一次刻蚀,并且由于它们的较强的波导色散,使得反向耦合波长 λ_D 与布拉格波长 λ_a 之间形成较大间距。然而,由于光被强烈地限制在条形波导中,所以它们的光学模式对扰动非常敏感。由于较低的有效折射率对比度,脊形波导与侧壁调制的条形波导相比,可以具有更大的沟槽(数百纳米对数十纳米的差异)。因此,它们具有较高的制造公差和对获得窄带宽滤波器所需的弱耦合系数更精确的控制。如式(3.13),两种模式之间的耦合强度由模式轮廓和介质扰动的重叠确定。因此,脊形波导间平台区上的光栅更有效,因为它的介质扰动位于倏逝波的交叉点上,如图3.25所示。此外,平台区可以经掺杂形成 PN 结,因此,在电调谐或调制时将需要考虑脊形波导的几何形状。

图3.26和图3.27分别示出了使用条形波导[37]和脊形波导[29]实现的反向耦合器的示例。这些器件基于标准220nmSOI晶片设计,并通过 CMOS - 光子代工厂(通过 ePIXfab 联系到的 Imec,Belgium)使用193nm光刻制造。可以看到,带状波导中的反向耦合器在 λ_a 和 λ_D 之间具有大于38nm的非常宽的间隔,能够覆盖密集 WDM 应用的 C 波段的整个跨度;位于 λ_D 的阻带具有 0.59nm 的 3dB 带宽,比位于 λ_a 的布拉格反射阻带小得多。这表明在输入波导中,正向传播光波与反方向传播光波之间的耦合比跨两个波导之间的耦合呈现出了更强扰动。

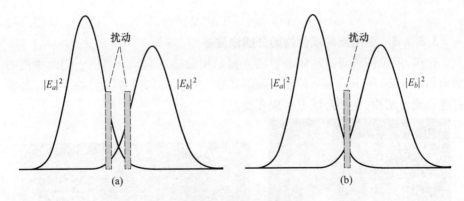

图 3.25　两种扰动方案

(a) 侧壁调制条形波导；(b) 平台调制脊形波导。

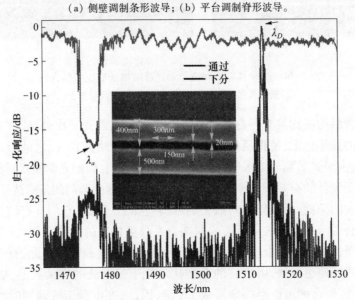

图 3.26　侧壁调制条形波导中的反向耦合器的通过 – 端口和下分 – 端口的光谱

(插图显示了反向耦合器的 SEM 图像)，该器件具有以下参数：$W_a = 400\,\text{nm}$，

$W_b = 500\,\text{nm}$，$\Lambda = 330\,\text{nm}$，$G = 150\,\text{nm}$，$N = 2000$

(引自 Shi et al. , "Add – drop filters in silicon grating – assisted asymmetric couplers,"

OFC/NFOEC, OTh3D. 3, 2012.)

3.3.2.3　硅反向耦合器的建模

双向耦合器的光学设计包括中心波长的确定以及响应形状和带宽的工程化调整。以图 3.27 中所示的平台区调制的脊形波导中的反向耦合器作为例子，使用耦合模式分析方法的常规仿真流程包括：

(1) 计算两个耦合模式(在此情况下，取前两个类——TE 模式)的有效折

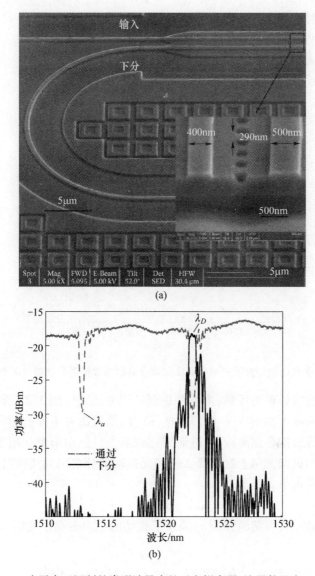

(a)

(b)

图 3.27　一个平台区调制的脊形波导中的反向耦合器,该器件具有 70nm 的脊形
区高度以及以下参数:$W_a = 400$nm,$W_b = 500$nm,$\Lambda = 290$nm,$N = 4000$,$D = 220$nm,$G = 1\mu$m

（a）SEM 图像;（b）测量的光谱(输入功率为 1mW,由于通过光纤耦合到 FGC,插入损耗为 ~ 17dB)。

（引自 Shi et al.,Opt. Lett.,vol. 36,pp. 3999 − 4001,2011.）

射率随波长变化的函数。

（2）利用相位匹配条件寻找 λ_D、λ_a 和 λ_b,如图 3.28 所示,其中模式的计算
利用本征模式求解器;λ_a 和 λ_D 的间隔可以通过调试耦合器的不对称性和色散

来控制,例如调整 W_a 和 W_b。

(3) 计算两种模式的电场分布,如图 3.24(b)所示。

(4) 使用式(3.13)计算耦合系数 κ。

(5) 使用式(3.15)计算出耦合效率 $\eta(\lambda)$。

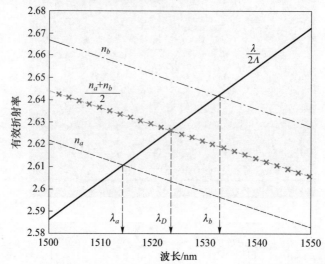

图 3.28　平台区调制脊形波导中的反向耦合器的有效折射率和相位匹配条件

为了设计或后处理的可靠,需要考虑制造误差。对于图 3.27 所示的示例,由于等离子体刻蚀中的图样尺寸效应,实际的沟槽轮廓并不是初始设计中的矩形。这种效应导致耦合强度较弱,进而带宽较窄[6]。三角形形状用于使介电扰动的横向分布与纵向方向上扰动峰 $\Delta\varepsilon_p$ 和无扰动部分之间的线性过渡相近似。从而介电扰动可由下式给出:

$$\Delta\varepsilon(x,y,z) = S(z)\Delta\varepsilon_p(x,y) \tag{3.17}$$

如图 3.29 所示,周期函数 $S(z)$ 描述了扰动的纵向分布。此时,κ 可以由下式计算:

$$\kappa = \frac{\pi c S_1}{2\lambda_D}\iint E_a^*(x,y)\cdot\Delta\varepsilon_p(x,y)E_b(x,y)\mathrm{d}x\mathrm{d}y \tag{3.18}$$

式中:S_1 为 $S(z)$ 的一阶傅里叶展开系数。

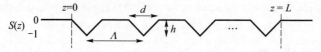

图 3.29　图 3.27 中所示的器件的纵向介电扰动分布

如图 3.30 所示,光谱计算结果与实验值具有良好一致性。

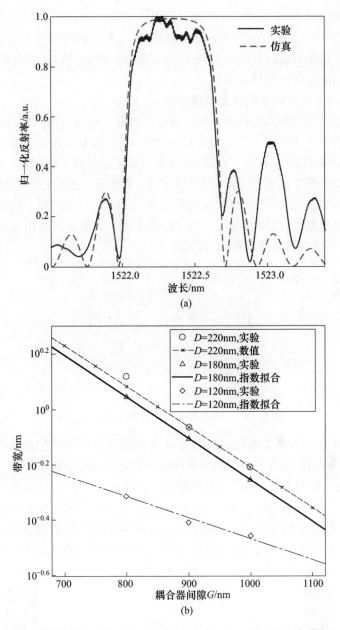

图 3.30　采用平台区调制的脊形形波导的反向耦合器的实测与仿真结果
（a）$[D, G] = [220\text{nm}, 1\mu\text{m}]$的器件的下分－端口光谱；（b）对于各种沟槽尺寸，
下分－端口带宽的实测和仿真值随耦合器间隙变化的关系，呈现了逆指数关系。

（引自 Shi et al. , Opt. Lett. , vol. 36, pp. 3999 – 4001, 2011. ）

对于固定的波导宽度,可以通过改变沟槽宽度或耦合器间隙来定制带宽[32]。对于各种沟槽宽度和耦合器间隙的器件,其实验测量带宽与下分－端口响应的仿真结果,都在图3.30(b)中进行了总结。图3.30(b)中结果表明,带宽对耦合器间隙呈现逆指数依赖性。

3.3.2.4 电可调谐相移反向耦合器

硅光子谐振器在大规模光子集成电路中具有广阔的应用前景,例如光通信、光信号处理和传感系统[38,39]。近期已有研究表明,透射滤波器或相移光栅能够实现高达100000的Q值[27]。与常规的布拉格光栅一样,大多数基于布拉格光栅的谐振器工作于反射模式(双端口器件),并具有集成光环行器的挑战性要求。类似于发射滤波器,可以在反向耦合器中引入一个$1/4-\lambda$的相移来构造一个光子谐振器,如图3.31所示。然而,与3.3.1.2节中讨论的相移布拉格光栅不同,这一耦合谐振器用作四端口器件。

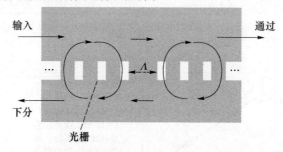

图3.31 一个相移反向耦合器的俯视示意图

图3.32所示为一个电可调相移反向耦合器的设计实例的截面图。它基于SOI脊形波导结构,并在波导脊形和平台区的侧壁上都形成了电介质扰动,以实现强耦合系数。如图3.31所示,在耦合器的中心引入了一个$1/4-\lambda$的相移。如图3.33所示,可以分别看到,在通过－端口光谱中间存在一个谐振峰,并相应地在下分－端口光谱中间约7nm的阻带内存在一个深的陷波。虽然可以通过控制光栅间距来改变整个下分－端口的阻带[32],但谐振峰的确切位置取决于相移的长度。

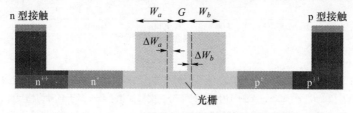

图3.32 一个相移反向耦合器的截面示意图

(引自Shi et al. ,2012 IEEE 9th Conf. Group IV Photon. ,p. WP2 ,2012.)

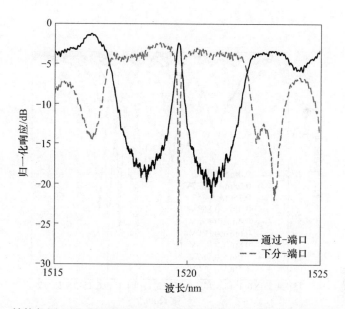

图 3.33　结构如图 3.32 所示的相移反向耦合器的实测光谱,该器件具有以下设计
参数:脊形区高度为 210nm;平台区厚度为 110nm;输入/通过波导宽度 W_a 为 600nm;
分插波导宽度 W_b 为 400nm;耦合器间隙 G 为 200nm;光栅间距 Λ 为 300nm;周期数 N
为 700;总耦合长度为 210μm。脊形区侧壁上的沟槽幅度 ΔW_a 和 ΔW_b 分别为 50nm
和 30nm。通过 – 端口透过率峰具有超过 17dB 的带外抑制比以及对应于 Q 值约
7000 的 0.2nm 的 3dB 带宽。下分端口响应中的陷波具有超过 24dB 的消光比,该器
件由 BAE Systems 通过 OpSIS 代工服务制造

（引自 Shi et al.，2012 IEEE 9th Conf. Group IV Photon.，p. WP2，2012；

以及 Baehr－Jones et al.，Opt. Express，vol. 20，no. 11，pp. 12014－12020，2012.）

　　值得指出的是,滤波器在下分 – 端口响应的中心波长处,即在反向耦合的相
位匹配条件与波导内的反射布拉格条件严重失谐的情况下发生了谐振。因此,
与采用布拉格腔(如垂直腔面发射激光器(VCSEL)或布拉格波导[27])的常规发
射滤波器截然不同,在工作波长或阻带内不发生或仅发生非常弱的布拉格反射。

　　在移相反向耦合器中也实现了用于频率调谐的 P – I – N 结构。随着电流
增加,光谱发生蓝移,如图 3.34 所示,这是由于载流子注入引起的折射率降
低[38]。注意到电流沿着纵向方向被均匀地注入到整个器件中,调谐效率可以通
过优化电流密度与纵向光强分布的重叠来显著增强。在这种均匀注入的情况
下,电调谐同时移动布拉格阻带以及谐振模式。对于大的调谐电流,自由载流子
吸收引起附加损耗,从而会降低 Q 值和消光比。

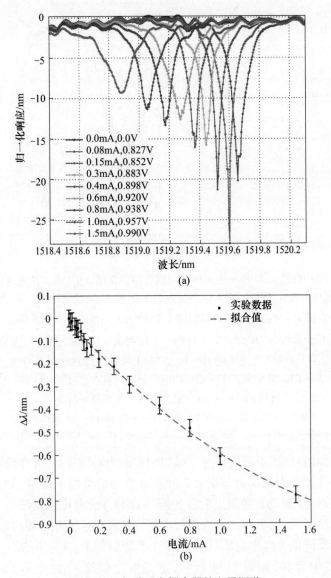

图 3.34　相移反向耦合器的电子调谐

（a）不同电流所对应的下分 - 端口光谱；（b）谐振波长随电流的变化函数。

（引自 Shi et al. , 2012 IEEE 9th Conf. Group IV Photon. , p. WP2, 2012. ）

3.3.2.5 光栅耦合的微环谐振器

微环谐振器有望成为下一代集成光子电路中的基本元件。各种 SOI 平台的基于微环的器件已被开发出来,在光通信、计算平台、光信号处理和传感中得到了应用[29,42,43]。然而,它们有限的 FSR 限制了 WDM 系统中的可用信道数量和传感应用中的可探测范围。为了选择性地激发或抑制微环谐振器的纵模,实现较宽的工作频带,主要的努力投入在光环形腔的工程化中,例如采用串联耦合或级联 Vernier 效应的多环[30]或在环腔内插入布拉格光栅[44]。微环与总线波导之间的耦合控制对于光谱响应的形状调节也是至关重要的[45],当弯曲半径缩小到几微米时,更成为了一项挑战性工作。

将反向耦合器与微环谐振器集成,选择性谐振激发和更进一步的微环的单模运行都成为了可能[46]。以反向耦合器作为波长选择耦合器的光栅耦合微谐振器的原理如图 3.35 所示。与常规微环谐振器中使用的宽带定向耦合器相比,反向耦合器具有有限的带宽,可以为微环谐振器提供一个额外的纵模选择自由度。凭借一个输入端,环腔内光学谐振可以在两个方向上产生激发:顺时针方向和逆时针方向,分别与宽带同向耦合 κ_b 和光栅辅助反向耦合 κ_g 相关联。由于不同的传播常数,宽带同向耦合非常弱,因此环内振荡主要发生在与常规环形谐振器相反的方向上,即相对于输入端口处的信号逆时针振荡。对于与 κ_g 对应的逆时针方向共振,两个波导之间的有效耦合只发生在满足相位匹配条件的波长附近[31]。因此,下分 – 端口通带之外的纵模没有被有效激发。工作原理如图 3.36 所示,展示了通过反向耦合器的波长选择性耦合对微环谐振器的光谱响应进行滤波后,光栅耦合微环谐振器的下分 – 端口光谱结果。

光栅耦合微环分插滤波器[46]的光谱如图 3.37 所示。主纵模在 130nm 以上的宽光谱范围内进行了选取。下分 – 端口频谱显示出了高于 8dB 的边模抑制比,这受限于与所选模式直接相邻的模式。考虑到环形腔的小 FSR(1.3nm),这意味着反向耦合器具有强模式选择性。与使用宽带定向耦合器的微环谐振器相比,该器件具有 19dB 的带外抑制比和 60pm 的 3dB 带宽,对应于约 25000 的品质因数(Q)。这表明光栅不会引入显著的额外损耗。除了环形腔的纵向模式之外,在通过 – 端口光谱所选模式的短波侧也显示出了一个深凹陷。这是由波导间反射,即输入总线型波导内部的布拉格反射引起的,在 3.3.2.2 节已做过讨论。除了相邻模式,其他小的谐振峰值是由残余的宽带双向耦合引起的,这可以通过增加耦合器的不对称性,即通过耦合模式之间的有效折射率差进一步抑制。

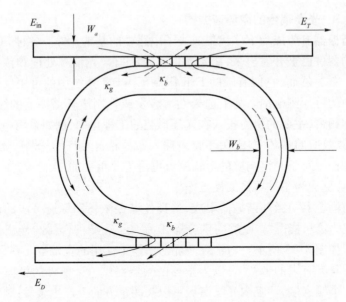

图 3.35　光栅耦合微环谐振器的原理图,实线和虚线分别表示光栅
辅助反向耦合对应的光路 κ_g 以及宽带同向耦合对应的光路 κ_b

(引自 Shi et al. , Appl. Phys. Lett. , vol. 100, p. 121118, 2012.)

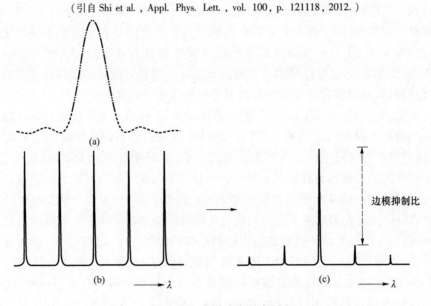

图 3.36　光谱响应示意图

（a）反向耦合器；（b）微环谐振器；（c）光栅耦合微环谐振器。

(引自 Shi et al. , Appl. Phys. Lett. , vol. 100, p. 121118, 2012.)

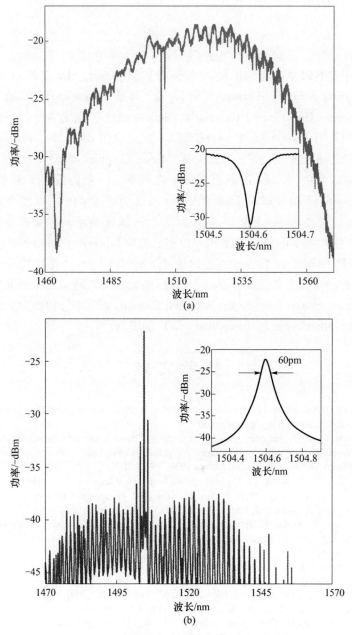

图 3.37 光栅耦合分插微环谐振器的光谱

（a）通过 – 端口；（b）下分 – 端口。（插图显示所选纵模附近的放大光谱，通过 – 端口的
频谱具有 FGC 响应的包络）

（引自 Shi et al. , Appl. Phys. Lett. , vol. 100, p. 121118, 2012. ）

致　谢

作者感谢不列颠哥伦比亚大学(Nicolas A. F. Jaeger, Han Yun, Charlie Lin, Samantha Grist, Jonas Flueckiger, Wen Zhang, Mark Greenberg)和华盛顿大学的同事们(Michael Hochberg 和 Tom Baehr - Jones(现在在特拉华大学), Yang Liu, Li He, Jing Li, Yi Zhang, Ran Ding)的贡献。我们感谢 CMC Microsystems 提供促进本研究的产品和服务,包括 CAD 工具(Mentor Graphics)和设计验证(Dan Deptuck 博士),以及使用 Imec 的制造服务。在以下几个单位进行了制造:①通过 CMC Microsystems 和 ePIXfab 联系到的 Imec;②通过 OpSIS 代工服务联系到的 BAE 系统;③通过 Richard Bojko 联系到的 NSF 国家纳米技术基础设施网络成员,华盛顿大学微加工/纳米技术用户设施。感谢 Lumerical SolutionsInc. 的设计软件,特别是 JamesPond 博士的有益讨论;Mentor Graphics 公司的掩模设计 PDK 开发(ChrisCone)和光刻仿真(KostasAdam);加拿大自然科学和工程研究委员会(Natural Sciences and Engineering Research Council, NSERC)和加拿大创新基金会(Canadian Foundation for Innovation, CFI)的资助。

参 考 文 献

1. J. Buus, M.-C. Amann, and D. J. Blumenthal, *Tunable Laser Diodes and Related Optical Sources,* 2nd ed. John Wiley & Sons, 2005.
2. T. E. Murphy, J. T. Hastings, and H. I. Smith, "Fabrication and characterization of narrow-band Bragg-reflection filters in silicon-on-insulator ridge waveguides," *J. Lightwave Technol.*, vol. 19, no. 12, pp. 1938–1942, 2001.
3. R. Loiacono, G. T. Reed, G. Z. Mashanovich, R. Gwilliam, S. J. Henley, Y. Hu, R. Feldesh, and R. Jones, "Laser erasable implanted gratings for integrated silicon photonics," *Opt. Express*, vol. 19, no. 11, pp. 10728–10734, 2011.
4. D. T. H. Tan, K. Ikeda, R. E. Saperstein, B. Slutsky, and Y. Fainman, "Chip-scale dispersion engineering using chirped vertical gratings," *Opt. Lett.*, vol. 33, no. 24, pp. 3013–3015, 2008.
5. A. S. Jugessur, J. Dou, J. S. Aitchison, R. M. De La Rue, and M. Gnan, "A photonic nano-Bragg grating device integrated with microfluidic channels for bio-sensing applications," *Microelectron. Eng.*, vol. 86, no. 4–6, pp. 1488–1490, 2009.
6. X. Wang, W. Shi, R. Vafaei, N. A. F. Jaeger, and L. Chrostowski, "Uniform and sampled Bragg gratings in SOI strip waveguides with sidewall corrugations," *IEEE Photon. Tech. Lett.*, vol. 23, no. 5, pp. 290–292, 2011.
7. D. T. H. Tan, K. Ikeda, and Y. Fainman, "Cladding-modulated Bragg gratings in silicon waveguides," *Opt. Lett.*, vol. 34, no. 9, pp. 1357–1359, 2009.
8. X. Wang, W. Shi, H. Yun, S. Grist, N. A. F. Jaeger, and L. Chrostowski, "Narrow-band waveguide Bragg gratings on SOI wafers with CMOS-compatible fabrication process,"

Opt. Express, vol. 20, no. 14, pp. 15547–15558, 2012.

9. W. Bogaerts, P. Bradt, L. Vanholme, P. Bienstman, and R. Baets, "Closed-loop modeling of silicon nanophotonics from design to fabrication and back again," *Optical Quantum Electron.*, vol. 40, no. 11–12, pp. 801–811, 2008.

10. X. Wang, W. Shi, M. Hochberg, K. Adam, E. Schelew, J. F. Young, N. A. F. Jaeger, and L. Chrostowski, "Lithography simulation for the fabrication of silicon photonic devices with deep-ultraviolet lithography," *2012 IEEE Int. Conf. Group IV Photon.*, pp. 288–290, 2012.

11. S. K. Selvaraja, P. Jaenen, W. Bogaerts, D. VanThourhout, P. Dumon, and R. Baets, "Fabrication of photonic wire and crystal circuits in silicon-on-insulator using 193-nm optical lithography," *J. Lightwave Technol.*, vol. 27, no. 18, pp. 4076–4083, 2009.

12. I. Giuntoni, D. Stolarek, H. Richter, S. Marschmeyer, J. Bauer, A. Gajda, J. Bruns, B. Tillack, K. Petermann, and L. Zimmermann, "Deep-UV technology for the fabrication of Bragg gratings on SOI rib waveguides," *IEEE Photon. Technol. Lett.*, vol. 21, no. 24, pp. 1894–1896, 2009.

13. I. Giuntoni, A. Gajda, M. Krause, R. Steingrüber, J. Bruns, and K. Petermann, "Tunable Bragg reflectors on silicon-on-insulator rib waveguides," *Opt. Express*, vol. 17, no. 21, pp. 18518–18524, 2009.

14. J. T. Hastings, M. H. Lim, J. G. Goodberlet, and H. I. Smith, "Optical waveguides with apodized sidewall gratings via spatial-phase-locked electron-beam lithography," *J. Vac. Sci. Technol. B*, vol. 20, no. 6, pp. 2753–2757, 2002.

15. G. Jiang, R. Chen, Q. Zhou, J. Yang, M. Wang, and X. Jiang, "Slab-modulated sidewall Bragg gratings in silicon-on-insulator ridge waveguides," *IEEE Photon. Technol. Lett.*, vol. 23, no. 1, pp. 6–9, 2011.

16. R. A. Soref, J. Schmidtchen, and K. Petermann, "Large single-mode rib waveguides in GeSi-Si and Si-on-*SiO₂*," *IEEE J. Quantum Electron.*, vol. 27, no. 8, pp. 1971–1974, 1991.

17. W. Bogaerts, R. Baets, P. Dumon, V. Wiaux, S. Beckx, D. Taillaert, B. Luyssaert, J. V. Campenhout, P. Bienstman, and D. V. Thourhout, "Nanophotonic waveguides in silicon-on-insulator fabricated with CMOS technology," *J. Lightwave Technol.*, vol. 23, pp. 401–412, 2005.

18. ePIXfab, http://www.epixfab.eu.

19. S. Selvaraja, W. Bogaerts, P. Dumon, D. Van Thourhout, and R. Baets, "Subnanometer linewidth uniformity in silicon nanophotonic waveguide devices using CMOS fabrication technology," *IEEE J. Sel. Top. Quantum Electron.*, vol. 16, no. 1, pp. 316–324, 2010.

20. A. V. Krishnamoorthy, X. Zheng, G. Li, J. Yao, T. Pinguet, A. Mekis, H. Thacker, I. Shubin, Y. Luo, K. Raj, and J. E. Cunningham, "Exploiting CMOS manufacturing to reduce tuning requirements for resonant optical devices," *IEEE Photon. J.*, vol. 3, pp. 567–579, 2011.

21. W. A. Zortman, D. C. Trotter, and M. R. Watts, "Silicon photonics manufacturing," *Optics Express*, vol. 18, pp. 23598–23607, 2010.

22. S. K. Selvaraja, E. Rosseel, L. Fernandez, M. Tabat, W. Bogaerts, J. Hautala, and P. Absil, "SOI thickness uniformity improvement using corrective etching for silicon nano-photonic device," *2011 8th IEEE Int. Conf. Group IV Photon.*, pp. 71–73, 2011.

23. "Calibre computational lithography," Mentor Graphics, http://www.mentor.com/products/ic-manufacturing/computational-lithography/.

24. "Products," Lumerical, http://www.lumerical.com/tcad-products/.

25. A. D. Simard, N. Ayotte, Y. Painchaud, S. Bedard, and S. LaRochelle, "Impact of

sidewall roughness on integrated Bragg gratings," *J. Lightwave Technol.*, vol. 29, no. 24, pp. 3693–3704, 2011.

26. V. Jayaraman, Z.-M. Chuang, and L. A. Coldren, "Theory, design, and performance of extended tuning range semiconductor lasers with sampled gratings," *IEEE J. Quantum Electron.*, vol. 29, no. 6, pp. 1824–1834, 1993.

27. X. Wang, W. Shi, S. Grist, H. Yun, N. A. F. Jaeger, and L. Chrostowski, "Narrow-band transmission filter using phase-shifted Bragg gratings in SOI waveguide," in *2011 IEEE Photon. Conf.*, pp. 869–870, 2011.

28. W. Bogaerts, S. K. Selvaraja, P. Dumon, J. Brouckaert, K. D. Vos, D. V. Thourhout, and R. Baets, "Silicon-on-insulator spectral filters fabricated with CMOS technology," *IEEE J. Sel. Top. Quantum Electron.*, vol. 16, pp. 33–44, 2010.

29. W. Shi, R. Vafaei, M. Á. G. Torres, N. A. F. Jaeger, and L. Chrostowski, "Design and characterization of microring reflectors with a waveguide crossing," *Opt. Lett.*, vol. 35, pp. 2901–2903, 2010.

30. R. Boeck, N. A. F. Jaeger, N. Rouger, and L. Chrostowski, "Series-coupled silicon race-track resonators and the Vernier effect: Theory and measurement," *Opt. Express*, vol. 18, pp. 47–53, 2010.

31. P. Yeh and H. F. Taylor, "Contradirectional frequency-selective couplers for guided-wave optics," *Appl. Opt.*, vol. 19, pp. 2848–2855, 1980.

32. W. Shi, X. Wang, W. Zhang, L. Chrostowski, and N. A. F. Jaeger, "Contradirectional couplers in silicon-on-insulator rib waveguides," *Opt. Lett.*, vol. 36, pp. 3999–4001, 2011.

33. D. T. H. Tan, K. Ikeda, and Y. Fainman, "Chip-scale dispersion engineering using chirped vertical gratings," *Appl. Phys. Lett.*, vol. 95, p. 141109, 2009.

34. D. T. H. Tan, K. Ikeda, S. Zamek, A. Mizrahi, M. P. Nezhad, A. V. Krishnamoorthy, K. Raj, et al., "Wide bandwidth, low loss 1 by 4 wavelength division multiplexer on silicon for optical interconnects," *Opt. Express*, vol. 19, no. 3, pp. 2401–2409, 2011.

35. D. T. H. Tan, P. Sun, and Y. Fainman, "Monolithic nonlinear pulse compressor on a silicon chip," *Nature Commn.*, vol. 1, no. 16, p. 116, 2010.

36. A. Yariv and P. Yeh, *Photonics: Optical Electonics in Modern Communications*, 6th ed. Oxford University Press, 2007.

37. W. Shi, X. Wang, H. Yun, W. Zhang, L. Chrowtowski, and N. A. F. Jaeger, "Add-drop filters in silicon grating-assisted asymmetric couplers," *OFC/NFOEC*, OTh3D.3, 2012.

38. G. T. Reed, G. Mashanovich, F. Y. Gardes, and D. J. Thomson, "Silicon optical modulators," *Nature Photonics*, vol. 4, pp. 518–526, 2010.

39. L. Chrostowski, S. Grist, J. Flueckiger, W. Shi, X. Wang, E. Ouellet, H. Yun, et al., "Silicon photonic resonator sensors and devices," *Proceedings of SPIE*, vol. 8236, p. 823620, 2012.

40. W. Shi, X. Wang, C. Lin, H. Yun, Y. Liu, T. Baehr-Jones, M. Hochberg, N. A. F. Jaeger, and L. Chrostowski, "Electrically tunable resonant filters in phase-shifted contra-directional couplers," *2012 IEEE 9th Conf. Group IV Photon.*, p. WP2, 2012.

41. T. Baehr-Jones, R. Ding, A. Ayazi, T. Pinguet, M. Streshinsky, N. Harris, J. Li, et al., "A 25 gb/s silicon photonics platform," *Opt. Express*, vol. 20, no. 11, pp. 12014–12020, 2012.

42. B. Little, J. Foresi, G. Steinmeyer, E. Thoen, S. Chu, H. Haus, E. Ippen, L. Kimerling, and W. Greene, "Ultra-compact Si-SiO$_2$ microring resonator optical channel dropping filters," *IEEE Photon. Technol. Lett.*, vol. 10, pp. 549–551, April 1998.

43. Q. Xu, B. Schmidt, S. Pradhan, and M. Lipson, "Micrometre-scale silicon electro-optic modulator," *Nature*, vol. 435, pp. 325–327, 2005.

44. A. Arbabi, Y. M. Kang, C.-Y. Lu, E. Chow, and L. L. Goddard, "Realization of a narrow-band single-wavelength microring mirror," *Appl. Phys. Lett.*, vol. 99, p. 091105, 2011.
45. A. Yariv, "Critical coupling and its control in optical waveguide-ring resonator systems," *IEEE Photon. Technol. Lett.*, vol. 14, pp. 483–485, 2002.
46. W. Shi, X. Wang, W. Zhang, H. Yun, C. Lin, L. Chrostowski, and N. A. F. Jaeger, "Grating-coupled silicon microring resonators," *Appl. Phys. Lett.*, vol. 100, p. 121118, 2012.

第4章 互连中应用的激光器

Brian Koch

4.1 引　言

任何光通信系统都需要光源。在大多数情况下,具有高输出指向性和严格控制窄发射波长的激光器都是最实用的选择。这些特性使得激光器适合于与其他部件集成在同一芯片上,并且用于将不同信号的波长复用,一起进入相同的波导和光纤。激光器的最佳结构和设计极大地取决于所针对的应用和系统。例如,根据一个给定系统的链路损耗和接收机灵敏度,激光器所需的输出功率将有所不同,这也限制了激光器的设计空间。在设计激光器结构及其制造工艺中的一些重要考虑通常包括:成本、尺寸、功耗、输出功率、波长特性,以及在所有可能的运行条件下的功能和稳定性。在本章中,我们将讨论半导体激光器及其在光互连中的应用。为了深入了解激光器的运行原理和设计方法,我们将从一些基本的激光器理论和几种不同类型的半导体激光器开始讨论。然后,讨论通用的激光器设计考量,以及如何针对不同的互连优化激光器的设计。在4.5节中,讨论最近的一些应用于光互连的半导体激光器实验演示。

4.2　半导体激光基本理论

在最一般的形式中,激光器由放置于谐振腔内的光学增益材料组成。光子学中的光增益模块类似于电子学中的电子放大器,只是光放大可以在不止一个方向上发生。光增益材料能够产生比输入其中的光子更多的光子,使得出射光功率高于输入光功率。显然,这需要某种形式的输入能量,因此增益材料必须通过其他波长的光进行光泵浦或用电流进行电泵浦。这种外部泵浦使增益材料中的电子被激发到更高的能量状态。激发态的电子可以以不同形式(如热或光)辐射能量而衰减至较低能态。如果没有光入射在材料上(或者即使存在入射光),一些激发态的电子也将导致光子的自发辐射,大多数将具有不可预测的波长(在由材料结构决定的范围内)、偏振和方向性。然而,如果这些激发态的电

80

子与入射光子相互作用,则可能发生受激辐射,由此受激电子产生与入射光子相同(在波长、偏振和传播方向上相同)的光子。

通过将增益材料放置于带反馈的光学谐振器内,一些自发辐射产生的光可以反馈到增益材料中,最终导致受激辐射和激光。由于前面提到的受激光子的性质,从激光器发出的光可以是高度相干的。激光器的反馈机制可以或可能需要通过一些方法来促进光被优先地引导到特定方向上(如朝向反射镜),使得受激辐射更可能发生并且可以控制激射方向。在大多数半导体激光器中,该功能由某种形式的光波导提供。光波导通常可以在增益材料本身或在与增益材料紧密接触的另一种材料中产生。激光器中光波导的原理与无源器件或光纤中的光波导非常相似,只是采用的折射率不同。

光学谐振器通常是由反射镜或某种光学反馈回路组成的腔。激光谐振器被设计为内部的一部分光(通过部分透射镜或某种光分离器)可以出射,一部分光保留在内部提供反馈。当增益材料放置于具有足够高谐振的谐振器内时,光学增益可以变得与反射镜的损耗相等,腔内的光功率可以快速增大。这时就产生了激光。因为反馈仅对于腔的谐振波长发生(腔长必须匹配波长的整数倍),所以只有一个或多个特定波长可以产生激光发射。这里将介绍一些简单公式的推导。更详细的推导和进一步解释可以在 Coldren 和 Corzine[1] 以及 Agrawal[2] 的论文中找到。

4.2.1　激光腔模式

在腔中可能产生共振及激光发射的波长由腔长和腔内折射率决定。如图 4.1 所示,腔内的光需要与自身发生相长干涉,其电场的波长必须满足能在腔中实现完整的往返行程:

$$\lambda = \frac{2n_{\text{eff}}L}{m} \tag{4.1}$$

式中:n_{eff} 为腔内的加权平均有效折射率;m 为纵模数;L 为腔长。

这种相长干涉可能发生在腔内多个模式,例如图 4.1 所示的两个波长。相邻激光模式的波长间隔由下式给出:

$$\mathrm{d}\lambda = \frac{\lambda^2}{2n_{\text{g}}L} \tag{4.2}$$

式中:$n_{\text{g}} = n_{\text{eff}} - \lambda \cdot \mathrm{d}n_{\text{eff}}/\mathrm{d}\lambda$,为加权平均的群有效折射率。

4.2.2　阈值电流与输出功率

为了发生激光振荡,出射波长激光的电场在腔内完全往返行程中的净损耗

81

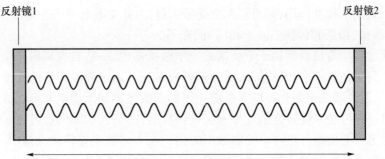

图 4.1　一个简单的光学谐振腔,展示了两个纵模的电场,激光器的
任何纵向模式在往返通过腔体之后必须与其自身发生相长干涉

必须为零。激光的电场是随空间和时间变化的,可以表示为

$$\varepsilon = \hat{e} E_0 U(x,y) e^{i\left(\frac{2\pi c}{\lambda} t - \frac{2\pi n_{\text{eff}}}{\lambda} z\right)} \tag{4.3}$$

式中:第一项为指示电场偏振的单位矢量;E_0 为电场幅度;$U(x,y)$ 为模式的空间分布;t 为时间;z 为沿传播方向上的距离。

参照图 4.2 来说,这意味着为了使电场是在 $z=0$ 和 $z=2L$ 处相等,必须满足:

$$r_1 r_2 e^{(\Gamma g_{\text{th}} - \alpha_i)L} = 1 \tag{4.4}$$

式中:Γg_{th} 为模式的阈值光学增益;α_i 为在腔内平均损耗,由波导损耗和除反射镜出射光之外的其他腔内损耗决定;r_1,r_2 为前后反射镜的电场反射率(对于环形或其他结构激光器,可由不同的耦合损耗系数代替)。注意,g_{th} 和 α_i 指的是光功率的范畴,在前面的电场方程中使用时则应除以 2,但由于在腔内一个完整的往返行程包括两次增益材料的穿越,又应该乘以一个因数 2,就相互抵消了。

式(4.4)表明,当激光器中的增益与所有损耗(如从反射镜逃逸的或波导中散射的光)之和相等时达到激光阈值。前面的方程也可以用下面的方程表示:

$$\Gamma g_{\text{th}} = \alpha_i + \alpha_m \tag{4.5}$$

式中:Γ 为约束参数,由激光模场与增益材料中产生载流子的有源区的重叠百分比确定;α_m 为反射损耗,由式(4.6)给出。

$$\frac{1}{L} \ln\left(\frac{1}{R}\right) \tag{4.6}$$

式中:R 为两个反射镜的平均功率反射率(电场反射率的平方)。

激光器的阈值电流——离开仅自发辐射阶段转而开始发生激光时的注入电流,由前述方程以及输入电流和材料增益之间的关系确定。从半导体有源区的基本属性开始分析,若已知透明载流子密度(N_{tr})和材料增益系数(g_0),则材料

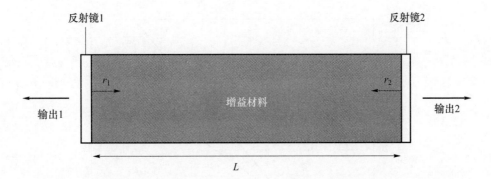

图 4.2 由增益材料放置于谐振腔(本例中为两个反射镜)中组成的一个简单的激光腔

的载流子相关增益(g)为

$$g = g_0 \ln\left(\frac{N}{N_{tr}}\right) \tag{4.7}$$

需注意的是,透明载流子密度是指当光传播穿过材料时没有净增益(相当于材料既不吸收光也不放大光)的载流子密度。这与激光器的阈值载流子密度有很大区别。阈值载流子密度取决于镜面损耗和其他损耗。在式(4.7)中,g_{th}发生在 $N = N_{th}$ 时。从载流子密度推导到电流时,必须考虑有源区容积(V)、载流子寿命(τ)和注入效率(N_i):

$$I_{th} = \frac{qVN_{th}}{\tau n_i} \tag{4.8}$$

式中:q 为电子电荷。

注入效率是指真正在有源区中生成载流子的注入电流与注入激光器的总电流的比值。载流子寿命取决于发生在激光器中的复合速率,包括自发辐射、非辐射复合和载流子泄漏。

激光器的输出功率(当电流高于阈值电流 i_{th} 时)由速率方程确定,并且由下式给出:

$$P = n_d \frac{hv}{q}(I - I_{th}) \tag{4.9}$$

式中:h 为普朗克常数;ν 为光频率;I 为工作电流;微分量子效率为

$$n_d = \frac{n_i \alpha_m}{\alpha_i + \alpha_m} \tag{4.10}$$

图 4.3 所示为当激光器的增益材料相同,但前腔镜反射率不同时,光输出随泵浦电流(LI)的变化曲线。

激光器的功耗可由工作电流乘以工作电压得出。工作电流由式(4.8)～式(4.10)确定,电压由材料设计、激光器结构和电触点确定。采用更复杂的功率

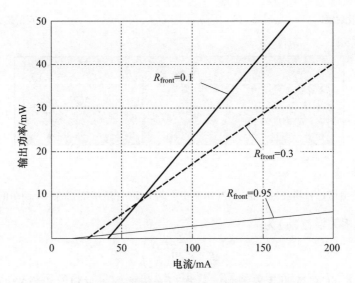

图 4.3　当激光器的增益材料相同,但前腔镜反射率不同时,
光输出随泵浦电流(LI)的变化曲线

或波长调谐/稳定电路的激光器也需要额外的功率。激光器的插座效率被定义为其输出功率除以其使用的总电功率。这是针对具有最小功率使用要求的互连应用的共同性能指标。

4.2.3　激光发射波长

前面提到,激光器可以发射多个纵模。激光波长由光增益、光损耗、镜面损耗和前面讨论的腔模位置的组合光谱分布确定,图 4.4 有助于解释这一概念。使用波长选择镜片是获得单波长激光器的常用方法。这可以涉及分布式布拉格反射镜、分布式反馈设计或基于环形的波长滤波器。一些小腔激光器可以具有非常宽的光腔模式间隔。在这种情况下,如果激光器的增益带宽不宽于光腔模式间隔,则可以在没有波长选择镜的情况下实现单模运转。在本章中,当讲到特定类型的激光器时,更多地讨论这些概念。

4.2.4　温度依赖性和热阻抗

半导体激光器有随着有源区温度增加而性能下降的趋势,这在环境温度升高或者激光器自身发热时发生。性能退化是一种暂时效应,由诸如材料增益峰值的增宽、增益材料中非辐射复合速率的变化以及为了补偿其他效应所需的较高电流密度导致的损耗增加等因素引起。材料的增益峰值也会随着温度变化而发生波长的移动。因为增益峰值可能偏离(或更好地对准,取决于设计)镜面滤

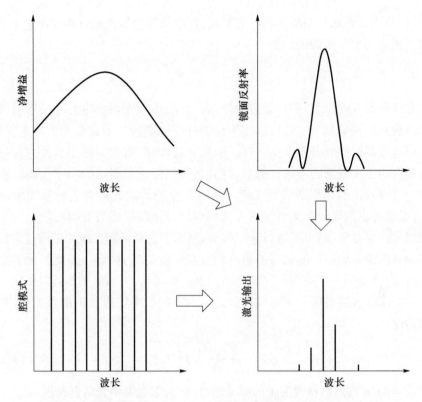

图 4.4　激光器的输出光谱由光腔的多个组成元件的综合效应确定

波器而导致额外的性能变化,这对于采用光谱滤波的激光器来说是重要的考虑因素。这种效应高度依赖于增益峰值和镜面反射光谱之间的特定关系,在下面的分析中不予考虑。仅考虑没有采用光谱滤波反射镜的激光器,当温度变化时维持给定输出功率所需的工作电流由下式给出:

$$I = I_0 e^{\frac{T}{T_0}} + I_1 e^{\frac{T}{T_1}} \tag{4.11}$$

式中:I_0,T_0 为阈值变化的影响;I_1,T_1 为输出功率的斜率变化的影响。

由于由温度引起的阈值电流的变化相比于输出功率斜率的变化具有附加效应,T_1 通常明显大于 T_0。根据材料系统和增益结构的不同,T_0 的典型值在 50 ~ 200K 范围内,而 T_1 的值一般为这个范围的 2 ~ 3 倍。

尽管环境温度上升转化到有源区中会有几乎相同的上升值,但是有源区温度还可以通过激光器的工作电流来改变。温度的上升值可以由激光器驱动功率和激光器的热阻抗 Z_T 简单地确定:

$$\Delta T = P_{in} Z_T \tag{4.12}$$

确定激光器的热阻抗是更困难的问题,其取决于半导体材料堆叠、激光器的尺寸,以及激光器如何与散热器一起封装,这些都是想要在高温和高功率下工作的激光器需要着重考虑的问题。

4.2.5　直接调制

在任何光互连中,目的都是传输数据,因此,由激光器产生的光必须以某种方式将数据编码到其上。这可以使用称为外部调制的技术在激光器外部完成,也可以直接调制激光器本身来实现。使用直接调制,需要为激光器比在前述公式中涉及的更多方面的考虑。例如,打开和关闭激光器所需的功率大小以及可以进行这种开关的频率变得很关键。为了充分理解激光器在实际应用中的性能,有必要考虑激光器驱动电流的大信号调制。这需要相当复杂的数值方法来求解激光速率方程,这里不再讨论。然而,可用于表征调制性能的常用度量是激光器的弛豫谐振频率。激光器的频率响应在该值处具有峰值,因此弛豫谐振频率越高,激光器的频率响应出现滚降的频率位置越高,进而激光器可以传输的数据速率越高。弛豫谐振频率可以从激光速率方程的小信号分析推导出来,并由下式给出:

$$\omega_R = \sqrt{\frac{\Gamma v_g a n_i}{qV}(I - I_{th})} \tag{4.13}$$

式中:$a = dg/dN$,为由材料决定的微分增益;v_g 为激光器中光的群速度。

从式中可以看出,当激光器具有高的微分增益、高的限制因子、高的注入效率和小的模场体积时,更适合用于直接调制。在高于阈值电流下工作也是有益的。然而实际上,为了直接调制中的调制信号达到可用的消光比,激光器电流将需要在低于或非常接近阈值的低电流与更高电流之间调制。因此,在合理的调制功率下实现高谐振频率,意味着应该保持阈值尽可能地低。

图 4.5 所示为一个固定设计的激光器在不同工作电流(相对于阈值)下的频率响应。通过在偏离激光波长的一个或多个频率处注入外部激光可以改善激光器的调制带宽[3,4]。这在激光器的光和注入光的波长差对应的频率处产生了额外的谐振。然而,这种方法显然需要一个额外的激光器,因此,可能仅会留作具有非常高的单独通道速度要求的系统采用。

直接调制激光器的另一个考虑是在调制期间发生的频移或“啁啾”。载流密度随调制信号变化,折射率随之发生关联变化,激光器的激光波长也将偏移。当沿着具有色散的光纤或波导长度方向传播时,可能导致信号失真。换句话说,如果在光波导中存在显著的啁啾和色散,信号的不同部分以稍微不同的速度传播,就会导致接收器端出问题。频率啁啾由下式给出:

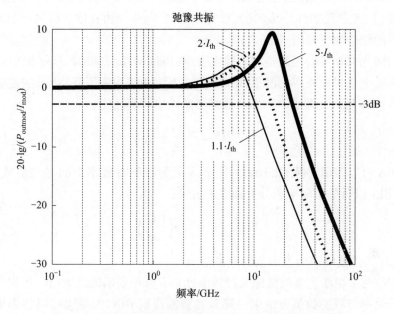

图 4.5　激光器的弛豫谐振很大程度上取决于偏置电流,
显著的增强发生在较高偏压之下,同时以驱动功率为代价

$$\Delta v = \frac{\alpha}{4\pi} \Gamma v_g a \Delta N \tag{4.14}$$

式中:α 为线宽度增强因子,即

$$\alpha = -\frac{4\pi}{\lambda a} \frac{\mathrm{d}n}{\mathrm{d}N} \tag{4.15}$$

在一些网络中,可以容忍大量的啁啾,而在其他网络中,必须非常精心地控制啁啾。

4.2.6　线宽和相对强度噪声

直接调制导致激光频率的显著加宽,但即使是未调制的连续波(Continuous Wave, CW)激光器也具有有限的频率宽度或线宽。由于色散会导致接收机处的信号失真和出错,这一因素对于可能含有长传播距离的光纤或波导的链路中也是重要的。对于相干链路,该因素甚至更为关键。单模激光器的线宽可以表示为

$$\Delta v = \frac{(\Gamma v_g g_{th})^2 n_0}{4\pi P_0} n_{sp} hv(1 + \alpha^2) \tag{4.16}$$

如式(4.16)中可见,它受众多参数的影响,诸如约束因子、阈值增益、输出功率(P_0)、光学效率($n_0 = n_d/n_i$)、线宽增强因子,以及由在增益材料中的能量水平决定的粒子数反转因子(n_{sp})。

与激光器相关的因素是相对强度噪声(Relative Intensity Noise, RIN)。鉴于线宽本质上是相位噪声的度量,RIN 则是幅度噪声(功率不稳定性)的度量。总的 RIN 噪声是激光器噪声功率和激光器总输出功率之比:

$$\text{RIN} = \frac{\text{d}P(t)^2}{P_0^2} \tag{4.17}$$

RIN 可以表示为频率的函数,或者表示为在所有频率上的平均值或峰值。通常,RIN 以每单位频率和分贝标度来表示:

$$\text{RIN}_{\frac{\text{dB}}{\text{Hz}}} = 10 \cdot \lg\left(\frac{\text{RIN}}{\Delta f}\right) \tag{4.18}$$

式中:Δf 为强度噪声所被测量的频率范围。

RIN 通常在激光器的弛豫共振频率处具有可被预期的最大值。虽然可以使用基于速率方程的数值方法来计算激光器的预期 RIN,但是也可以使用更基本的方程来估计。甚至这些方程也是相当复杂难懂的,方程的形式显著取决于运行条件[1]。

多模激光器可以具有与单模激光器相似的总 RIN。然而,典型的功率分布不是高度稳定的。换句话说,对于任何给定模式,其功率波动大于所有模式组合的总功率的波动。这被称为模式分割噪声(Mode Partition Noise, MPN)。如前所述,由于色散的存在,MPN 会成为光纤传输的一个问题。因为单独模式的噪声可能非常大,所以当多模激光器的单个模式被分离并单独使用时,还会成为另一个问题。即使是"单模",但次级模式抑制小于 30dB 的激光器也可能受到这一模式分割噪声的显著影响。这些不需要的模式不必要成为激光。通常,需要大于 30dB 的抑制以确保低噪声运行,并且噪声量还取决于存在于较低功率水平的次级模式的数量。出于这些考虑,对于某些应用和系统来说,在激光器的设计中采用足够的光谱模式滤波器是非常重要的。

虽然 RIN 和线宽都由激光器本身确定,但也会受到链路中的其他元件影响。尤其是反射回激光器的激光,可以引起令人惊讶的严重不稳定性,直接决定了 RIN 和线宽。反馈的效果也与激光器设计相关,但是一般来说,即使对于具有高容忍度的激光器,也必须将反射保持在 −20dB 以下。即使具有小于 −50dB 的反射,一些基于激光的通信系统也可能失效。这些效应可以利用涉及激光速率方程的数值方法计算,当然一些更简单的方程也有估计效果[1]。

4.3　半导体激光器的类型

4.3.1　Fabry – Perot 激光器

法布里 – 珀罗(Fabry – Perot, FP)激光器是半导体激光器最简单的形式之一,如图 4.6 所示。它由夹在双反射镜间的波导组成,增益材料位于波导之中。这些反射镜通常通过切割材料成形,但也可以通过在材料中刻蚀小反射面成形。除非一侧被镀高反射率膜,否则激光器的两侧会均等地发射光。由于其原理简单,FP 激光器成本不高,但是由于缺乏波长选择特性,通常它们的发射波长很多、可控性不高。如果这些激光器的反射面由芯片的边缘形成,则这些激光器也不能与其他元件集成。这些因素使得它们不太适合于波分复用(WDM)系统或一般的光子集成。然而,由于其简单性,如果它们的性能足以达到链路的预期要求,则也是廉价激光器的良好选择。

图 4.6　一个简单的法布里 – 珀罗激光器示意图

4.3.2　环形激光器

环形激光器是另一种较为容易制造的激光器。图 4.7 所示为一个示例。激光器由包含环形或跑道形的波导组成,至少其一部分长度中含有增益单元。环形波导经由耦合器连接到输出波导。该耦合器可以由多模干涉仪(Multi Mode Interferometer, MMI)或定向耦合器制成。耦合器的设计决定了允许多少光离开环形腔,从而决定了输出功率和激光阈值。环形激光器的一个问题是光可以在环的两个方向上传播,因此光同时沿两个方向发射。就激光器本身来说,这也许是可接受的(如在 FP 激光器中),但是该激光器在两个方向上的功率会有差异并且随时间不可预测地变化。避免这种情况的一种方法是,在一个输出端口处利用低功率发光电二极管源在单一方向上作为"种子"泵浦激光,这就将迫使在该方向上发射激光,形成单侧发射。当然,这需要额外的功率。类似于 FP 激光器,除非腔中具有特殊的波长选择元件,否则这类激光器也会发射许多不同波长的光。

89

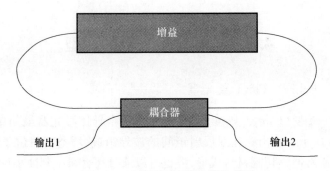

图 4.7　环形(跑道)激光器示意图

4.3.3　分布式布拉格反射(DBR)激光器

分布式布拉格反射(Distributed Bragg Reflector, DBR)激光器是将增益部分置于两个 DBR 反射镜之间的激光器。图 4.8 所示为 DBR 激光器的示意图。这些反射镜由光波导中沿着传播方向的一系列小刻蚀组成。这些刻蚀的间距设计为激光波长的 1/4(考虑材料中的折射率)。每个小刻蚀产生小的反射,但是由于在特定波长处的多次反射形成相长干涉,在设计波长处来自所有刻蚀的组合反射会很大。在该激光器中,后镜可以较容易地制造得更长,以产生高反射率镜面,而前镜可以较短,使得所有光从前方有效地发射。激光器的波长选择性由 DBR 镜的长度和激光腔的长度确定。这种激光器的反射光谱使用传递矩阵方法[1]可以模拟得最好,但是闭合形式的方程也可以是精确的:

$$
r = \frac{\kappa \tanh(\sigma L_g)}{\sigma \left[1 + i \dfrac{\delta}{\sigma} \tanh(\sigma L_g) \right]} \tag{4.19}
$$

式中:$\sigma = \sqrt{\kappa^2 - \delta^2}$;$\delta = \beta - \beta_0 = 2\pi n_{\text{eff}} \left(\dfrac{1}{\lambda} - \dfrac{1}{\lambda_0} \right)$,其中 λ 为波长,λ_0 为光栅的中心波长;κ 为光栅强度(在 1cm 之内);L_g 为光栅的长度。

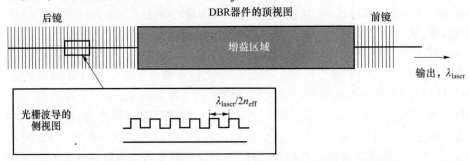

图 4.8　DBR 激光器示意图(插图展示了被刻蚀成反射光栅的波导的侧视图)

图 4.9 所示为具有不同长度、相同光栅强度的光栅(可能适用于 DBR 激光器中的前后镜)。根据腔模间距(激光腔的长度),将需要不同的反射率光谱以使激光器单模工作(如果需要的话)。反射谱主要受激光器中光栅强度和长度的选择影响,并且通常期望单模激光器的设计具有大于 30dB 的边模抑制比。边模抑制比的计算过于复杂,本章不进行过多阐述了,但激光器中的所有边模都必须被抑制,确保在任何工作电流下都不会超过其阈值。实际上,当 DBR 激光器中的温度和工作条件改变时,反射率峰和腔相位将发生变化,导致波长偏移和被称为模式"跳越"的腔模式间转变。如果在激光器设计中引入适当的机制,可以通过主动控制腔相位和调节光栅的折射率来调节其反射率峰,对这些不稳定现象在一定范围内进行补偿。

光栅强度=100 1/cm

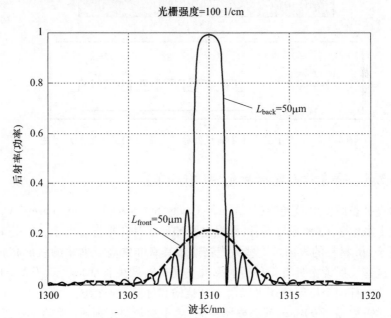

图 4.9　DBR 激光器前镜和后镜的典型反射谱

4.3.4　分布反馈(DFB)激光器

分布反馈(Distributed Feedback, DFB)激光器是 DBR 光栅与增益材料位于相同区域的激光器,如图 4.10 所示。通常这些激光器在光栅中间具有单个 1/4 波长偏移,但是已有人研究了在腔中间采用更长偏移的设计,以及在沿着光栅的其他位置引入额外偏移的设计[5,6]。由于反射镜位于增益介质内部,DFB 激光器可以比 DBR 激光器短得多,并且 DFB 激光器通常具有更低的阈值。因为其长度短,所以输出功率通常不如 DBR 或 FP 激光器那样高,并且除非采用特殊的不对称设计,否则两侧发射的功率是均等的。通常,通过在激光器的一侧切割出端面并镀高反(HR)膜,以迫使光几乎完全从另一侧发射来克服这一问题。然而,所得到的激光器性能在很大程度上取决于端面相对于光栅的相位,因此在实践中有一定百分比的器件变得不可用,影响了器件的产量。在一些系统中,另一个可行选择是设计一个光子集成电路,能将 DFB 激光器的两个输出都用上。DFB 激光器的短长度和低阈值使得它们对直接调制具有吸引力。

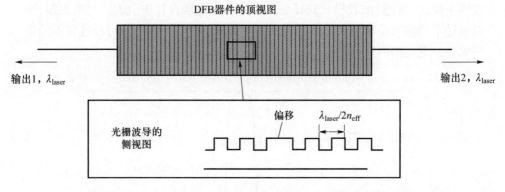

图 4.10　一个中部有 1/4 波长偏移的分布反馈激光器的示意图

4.3.5　垂直腔面发射激光器(VCSEL)

垂直腔表面发射激光器(Vertical – Cavity Surface – Emitting Laser, VCSEL)在原理上类似于 DBR 激光器,区别只是腔的形成是在垂直方向上,图 4.11 所示为垂直于 epi 材料的表面。这些激光器通常具有非常高反射率的顶部和底部反射镜。这些反射镜由具有交替折射率的不同材料层生长而成。对于 VCSEL,其中一个或全部两个反射镜还可以由金属结构和外腔元件构成。两个反射镜的反射率通常需要高于 99%。其必要性在于,由于材料厚度所限,激光腔极其短,因而增益部分非常短。另一方面,VCSEL 的约束因子可以非常高,并且实际上甚至可以超过 1。可以实现远低于 1mA 的阈值电流,并且通常输出功率被限制为约 0dBm。与为光互连设计的大多数平面内激光器相反,VCSEL 通常具有多个激光模式并与多模光纤配对。虽然也可以制造单模 VCSEL,但这需要特殊的处理并会影响其性能[7,8]。由于它们的垂直结构,这些激光器更难于与其他光子元件集成,需要外部元件配合才能用于波分复用或其他功能。幸运的是,这些激光器与直接调制兼容,因此不需要集成外部调制器。10Gb/s 是标准的数据速率,25Gb/s 的速率是可量产的。并已有实验证明实现了 40Gb/s 和更高比特率的调制[9]。

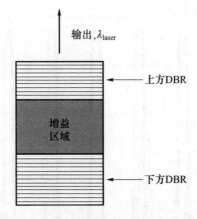

图 4.11　垂直腔面发射激光器的示意图

4.3.6　宽波段可调激光器

在一些系统中,期望使用波长可调谐激光器。在 WDM 网络中,在源和目的地之间没有交换机的可能性下,可以允许链路的重新配置和信号的路由。DBR 激光器可以在一定程度上通过将电流注入其反射镜中以改变折射率,进而改变反射波长。这种类型的调谐限于几纳米的波长范围之内。为了实现更宽的调谐带宽,需要更复杂的结构。

可宽范围调谐的集成激光器的一个实例是取样光栅 DBR(Sampled Grating DBR, SGDBR)激光器[10]。这种激光器在结构上类似于 DBR 激光器,但用取样光栅镜替代了 DBR 前镜和后镜。取样光栅具有由无源区分隔的多个“突发”光栅。图 4.12 是 SGDBR 激光器的示意图。前后镜的设计具有不同的突发长度和突发间隔。这一设计导致前镜和后镜具有不同的反射光谱。反射谱中的反射峰被无反射的波长间隙均匀地间隔开。当前镜的反射峰值与后镜的峰值对准时,会在该波长产生激光。从而在反射镜的微小调谐可能导致前镜和后镜的反射光谱在很宽的波长范围内出现各种重叠。如果设计得当,这些激光器可以用这种“Vernier 效应”在横跨 50nm 以上的带宽内实现单纵模激射。图 4.13 示出了 SGDBR 激光器前镜和后镜的反射光谱,演示了它们如何彼此重叠。

图 4.12　一个后镜有 5 个突发光栅、前镜有 3 个突发光栅的 SGDBR 激光器示意图

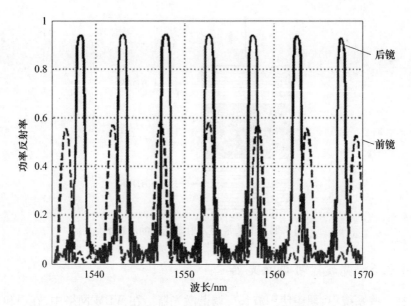

图 4.13　SGDBR 激光器前镜和后镜的反射光谱。通过微调一个或另一个
反射镜,可以明显改变反射率重叠的波长,从而使激光波长可随之调谐

使用其他的调谐元件也可以实现类似的效果,如采用周期性相位调制光栅
的超结构光栅(Superstructure Grating)、小型耦合式环形反射器或利用外腔组
合。例如,可利用具有微机电系统(MEMS)的可调谐外腔的 VCSEL 实现调谐,
要求其腔长的调节量足以显著改变激射模式的波长。

4.3.7　锁模激光器

在某些系统中,希望有脉冲输出光源。脉冲光源可以放松采用归零(Return
to Zero, RZ)调制方式的系统上对调制器带宽的要求,也可适用于采样时分复用
(Time – Division Multiplexing, TDM)的系统。相比于常规的直接(或外部)调制,
由于所需的频率响应更高,甚至更需要激光器生成的脉冲宽度短于比特周期。
锁模激光器是一种常用的脉冲源[11]。图 4.14 所示为集成的 40GHz 锁模激光器
的输出脉冲和相应的光谱。这些激光器发射相位彼此锁定的多个纵模。虽然每
个模式的电场是恒定的,这些锁相模式的电场在激光腔内振荡产生干涉,就会产
生时域中的脉冲。腔内的相位锁定元件可以使用各种方法来实现。

在集成半导体激光器中,典型的相位锁定元件是可饱和吸收器,其制作材料
可与激光增益介质相同。然而,可饱和吸收器必须与增益区电隔离才能使它吸
收部分的光。吸收器可以反向偏置或不加偏置。可饱和吸收器具有吸收光的量
随输入功率增加而减小的特性,即吸收饱和。当光进入吸收器,电场使材料局部

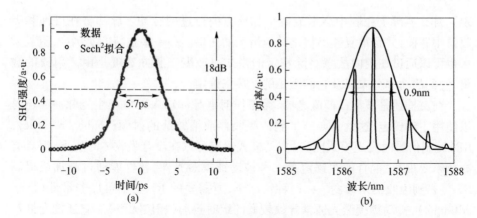

(a)
(b)

图 4.14　集成的 40GHz 锁模激光器

(a) 从二次谐波生成自相关器输出的脉冲;(b) 相应的光谱。

饱和。因此,在一个包含可饱和吸收器的激光腔中,当不同纵模的所有电场都与可饱和吸收器对准时,最容易发生激射。在时域中,吸收器当脉冲开始穿过吸收器时会发生饱和,并且当脉冲离开吸收器返回到增益材料时会从饱和状态恢复,防止其他时间在腔内形成光。图 4.15 所示为自碰撞脉冲锁模激光器的示意图,展示了在增益区中的 4 个激射模式的电场,下方是可饱和吸收器中相长干涉的净光功率。

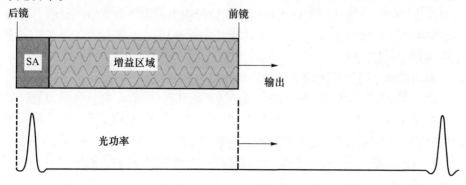

图 4.15　自碰撞脉冲锁模激光器示意图,展示了对应于腔内的一次往返,可饱和吸收器(Saturable Absorber, SA)中的电场是如何与光强脉冲在腔内周期性的形成以及被发射同步的

从锁模激光器发出的脉冲重复频率是由腔长和腔内可饱和吸收器的位置决定的。如果吸收器直接与线性腔的反射镜相邻,那么腔内将形成的一个脉冲,并在其反射时会在吸收器中与其自身相撞。脉冲重复频率因此由光在腔内的往返时间确定。如果吸收器位置换到腔的中部(或在一个环形激光器的任何部分实

现），那么实际上在腔中会形成两个相反方向行进的脉冲。脉冲将在可饱和吸收器中碰撞，并且重复频率将是其他情况的两倍。在一些独特的实例中，重复频率也可以通过在腔内故意滤除特定的模式来改变。脉冲宽度是由激射模的数量、它们的功率分布以及它们锁相的好坏来确定。

前文描述是被动锁模激光器，无需任何电脉冲输入即可产生光脉冲。还可以使用主动锁定，这就需要施加到该吸收器或增益部的射频（Radio Frequency，RF）调制信号时实现模式同步（主动模式锁定可以在没有吸收体时实现，但具有高功率要求）。混合模式锁定是一种被动锁模激光器，其性能通过施加或提高RF信号到吸收器来改变。在这种情况下，所需要的RF功率可以非常低（低于0dBm的），被动锁模激光通常导致较低的定时抖动（相位噪声）。它还能允许对激光重复频率进行更多的调谐。

4.3.8　多波长激光器

在WDM系统中，有时希望有一种可同时发射多个纵模的激光器。相比于由单独的激光器组成类似的阵列，在功率效率、控制电路，以及空间利用率方面都更有应用潜力。从前节的阐述中可以知，锁模激光器是一个多波长激光器[12,13]的例子。由于多个连续波纵模的干涉，锁模激光器输出的总功率会在时间上振荡。但当这些模式被分离开时，它们各自独立地具有恒定的功率。这种类型激光器的一个重要因素即为导致模式分配噪声的模式间竞争。虽然总输出功率的噪声可以较低，但单个过滤出的模式的噪声可以非常高。在许多互连应用中，必须仔细考虑这一问题。

多波长激光器的其他例子包括阵列波导光栅激光器[14]、法布里－珀罗激光器或设计为多波长发射的DBR激光器。对于这些器件，假设增益介质为波长之间共享，那么都无法回避对模式分配噪声的考虑。然而，使用量子点替代量子阱或块材料作为增益介质，是一种减轻此问题方法[15]。这是因为，在量子阱或基于块材料的有源区中，能量状态没有以同样的方式耦合，进而不同波长的耦合方式也不同。

4.3.9　其他小型腔激光器

在我们已经讨论过的激光类型中，VCSEL比所有其他类型要小得多。还有一些其他类型的激光器也具有非常小的腔，因此和VCSEL具有一些相似的性质，如低阈值电流、高调制带宽，以及迄今甚至更低的输出功率。这些激光器将因此最有可能用于短距离应用，可能限用于在芯片之内。微环激光器是可耦合到平面内波导的小型环形激光器[16,17]。这些激光器可以更容易地与其他元件组合,因为它们也是平面内结构。因此,尽管控制它们的波长并不简单,但仍具有集成到 WDM 发射器中的使用潜力。其他类型的小腔激光器包括光子晶体激光器[18]、等离子或纳米激光器[19]。迄今为止,这些激光器都是实验性质的,并没有在商业化链路中使用。

4.4 用于互连的激光器设计选择

在 4.3 节中讨论的一般激光特性,可用于帮助为给定互连选用最合适的激光器类型。一旦选择了激光器类型,在进行特定的激光设计时,在 4.2 节所讨论的激光器特性(和更多的特性)也是重要的考虑,需要更仔细地分析。具体选择将取决于调制格式(编码数据的方法)、链路预算、电力预算,以及制造和工程开发成本等其他因素。通过前几节所示公式的比较中可以看出,由于关键参数之间的相互作用,这可以成为一个复杂的优化问题。

4.4.1 不同链路类型的关键参数

对于在任何互连中使用的任何激光器,所有在 4.2 节所讨论的参数都是重要的。然而,某些互连类型对这些参数具有不同的限制或最小规格需求。即使两个链路乍看相似,适合于某一互连应用的最佳激光器对其他应用来说,也不一定是最佳选择。调制格式作为一个主要因素,将在此进行简要讨论。还需要重点考虑的是,激光器的要求最终也将在很大程度上依赖于其他链路因素,如传输距离、互连材料(光纤或波导的类型)、激光器和接收器之间的其他光子元件以及可能的环境影响因素等。

数字开关键控(On – Off Keying, OOK)系统或许对激光器要求最为宽松。OOK 系统需要有足够的功率和信号保真度,以便能够在 1、0 电平之间以及序列比特之间进行区分。因此,关键因素是光功率、强度噪声以及在接收端的定时抖动。当然,虽然激光器对这些因素有直接的影响,但是链路内每一个其他元件也有影响,并且对其所在链路的整体也必须加以考虑。

基于 OOK 或其他调制格式的 WDM 链路还需要额外的考虑。这些系统依赖于具有一定光谱响应的多路复用器和解复用器,因而插入损耗和串扰的水平也与输入光的波长相关。这对激光器的设计意味着,波长范围必须设计在该链路的波长容许范围之内。这会影响到激光的制造方法与波长控制方式。另外,根据系统中信道间的波长间隔,激光器可能需要是单模的(激光器也可能因其他理由需要单模)。每当多个激光器被集成在一起时,它们的热串扰也必须加以考虑。时分多路复用系统,如 WDM 链路,也有额外需要考虑的因素。例如,它们可能对脉冲的定时抖动有更严格的要求。

相干光通信将激光器集成到接收器作为本地振荡器,会对激光器有进一步的要求。这些链路依赖于发射激光器与本地振荡器的干涉。这就额外要求每个激光器都具有低的相位噪声,这意味着线宽必须很窄,通常约为 1MHz 或更低。除非在相干链路中使用平衡接收器,否则在这些链路中的强度噪声也必须保持显著低于 OOK 链路的水平,即意味着激光器的 RIN 要低。对于差分正交相移键控(Differential Quadrature Phase - Shift Keying, DQPSK)调制格式,则不需要本地振荡器,但激光源的线宽仍必须保持很低。

4.4.2　激光器类型选择

在 4.3 节中所讨论的各种激光器类型的一般特性,可以用作准则来确定在一个特定的互连应用中哪些激光器类型是可用的。一些非常基本的例子有:采用单模光纤的链路不能使用多模 VCSEL;远距离链路必须使用单波长激光器,并可能会依赖 WDM 技术;使用 RZ 数据或时分复用的链路可得益于锁模激光器;短距离链路的需求则可能更倾向于低功耗和高能量效率,而不是性能。当然,在激光器选型方面,还有更多在本章中没有提到或能被覆盖的细节需要考虑。

另一个重点考虑因素是用于制作激光器的材料体系和制造方法。常规的体系包括 GaAs 和 InP。由这些材料制成的激光器可以在独立封装的同一芯片上,相互之间或与其他光子集成电路元件进行异质集成。这些不同集成度的激光器解决方案是现今最广泛的商业化解决方案。凭借制程的成熟以及与传统的互补金属氧化物半导体(CMOS)电路集成的潜力,最近人们对硅基光子学投入了极大兴趣。然而,由于硅的直接带隙,制作硅基激光器是有很大难度的。在这一方向的努力[20-23]已经取得了显著进展,但迄今为止其性能尚不能满足实际的互连应用。其他的硅光子与激光器联用方法包括新颖的封装方案[24-28],以及通过晶圆键合的激光器异质集成[13,29-34]。

在激光器的设计选项之间进行选择,涉及的考虑可能是起初不可预测的,比如激光器的制造和工程开发成本,以及激光器的可靠性和预期工作寿命。在实践中,在无法获得所有必要信息的情况下,可能经常需要通过仅考虑最关键因素和预测各种选项之间的取舍来缩小选项范围。

4.4.3　激光器设计的优化

如前所述,在确定最适合于链路中应用的激光器时,要考虑许多因素。如果系统中有任何未知的变量,优化问题会变得更难。从材料设计的基本原理开始仿真是非常困难的,尤其是当我们希望估计高速调制和噪声现象的一些关键参数时。替代这些材料仿真或在仿真之余,对于一个给定的材料设计,往往可以对基本的激光测试结构进行测量,来确定基本的材料特性,例如增益、损耗和注入效率等。然而,一旦这些测试结构被制成真正的激光器,这些参数会发生难以估计或仿真的变化。因此,有时在完全理解之前就开展全面的最终激光器设计也是必要的。

假设所有材料参数都是已知的,问题依然是相当复杂的。作为一个例子,可以考虑对激光器长度的优化。这个简单的参数影响激光器阈值和输出功率、弛豫共振频率、热阻抗、线宽、RIN、反射容差、腔模间隔,以及因此为了产生单模激光所需的反射镜类型等。回想一下,这些因素中许多也会相互影响。当考虑激光器设计中的所有其他变量时(特别是如果材料的设计也是一个变量),会很容易地看到该问题如何变得相当复杂。大多数因素必须同时考虑,因为它们不是真正无关联的参数。某些因素的重要性也并不简单明了。例如激光器产生的RIN会导致接收机中的幅度噪声,进而使眼图垂直闭合,但实际上当调制被施加到CW激光器信号上时,还会导致定时抖动,并使眼图水平闭合。因此不但在链路的功耗/噪声预算而且在抖动预算中,都必须考虑RIN。往往先用仿真来确定近似最优的设计空间,再通过制造和测试设计的阵列达到对问题的充分理解和对设计权衡的完全掌握,会是一个好主意。

4.5　应用于光互连的半导体激光器实例

4.5.1　基于 VCSEL 的互连实例

Lee 等[35]的研究展示了一条采用 VCSEL 耦合到多芯多模光纤的 100m 长、120Gb/s 的链路。VCSEL 排列为一个二维阵列,与多芯光纤的 6 个多模纤芯相匹配。每个 VCSEL 直接调制在 20Gb/s。在接收器侧,使用了类似排列的六通道表面法向光电探测器(PD)阵列。发射器总功耗为 550mW,接收器总功耗为 650mW,总的功率消耗为 10pJ/bit,误码率低于 10^{12}。有研究报道了[36],使用带有 CMOS 驱动器电路的 VCSEL 的高效率链路,在 25Gb/s 功耗低至 6.5pJ/bit,在 15Gb/s 为 2.6pJ/bit。还有研究显示[9],利用 VCSEL 实现了 40Gb/s 的数据传输速率,甚至达到了 100Gb/s(采用四电平脉冲幅度调制[PAM])。

4.5.2　直接调制 DFB 激光器的互连实例

Adachi 等[37]将包含 4 个直接调制 DFB 激光器的阵列调制到了 25Gb/s,每个激光器的偏置电流为 70mA,压摆峰－峰值为 0.5V。这些激光器的输出被发送到 45°全内反射型的反射镜,使信号光从平面内方向偏转到垂直方向,以便于耦合。这些激光器运行达到了 85℃,并工作于 O－波段的波长范围内。Sato 等[38]研究了在 1.5μm 波长范围内的 40Gb/s 的直接调制 DFB 激光器。实验表明在 92mA 的偏置电流和 90mA 的摆动电流下,误码率低于 10^{-12}。

4.5.3　外调制 WDMDFB 激光器的互连实例

Evan 等[39]的研究表明,使用 10 个 DFB 激光器组成阵列,与 Mach－Zehnder 调制器单片集成于磷化铟平台上,实现了 1.12Tb/s 的链路。信号发射采用了偏振复用正交相移键控(Polarization Multiplexed Quadrature Phase－Shift Keying, PM－QPSK)格式。在这个系统中,每个 DFB 激光器的两路输出分别使用了不同的 QPSK 信号进行调制,并且每个 DFB 激光的波长不同,分布在 C－波段中 200GHz 的网格上。经过调制后,不同波长如有必要就在可变光衰减器阵列中进行衰减,然后在阵列波导光栅芯片上实现了复用。当所有不同波长的信号在芯片上按每个偏振态组合到一起之后,从相同激光器输出的两个信号被设置为不同的偏振态,复用在一起离开芯片。对于这种调制方式,激光器的线宽是至关重要的。相应地,通过优化有源区材料、偏置条件以及最小化反射回激光器的光,使所有激光器的线宽保持在大约 1MHz。

4.5.4　共封装 DFB 激光器的硅光子学互连应用实例

Dobbelaere 等[40]报道了一款 4×10Gb/s 的收发器产品。单个 DFB 激光器被密封在通过环氧树脂胶合到 CMOS 芯片上的硅基微封装之中。光通过 CMOS 芯片上的输入光栅耦合器从激光器中传送出来,然后分离进入 4 个包含 4 个 Mach－Zehnder 调制器的路径。在接收器中利用了偏振分束光栅耦合器来确保任何偏振态的光都能被捕获。每个信道的光被发送到 4 个与片上跨阻放大器相连的高速锗光电二极管中。一个类似的 4×26Gb/s 的收发器演示系统也在报道中给予了描述。

4.5.5　异类集成激光器的硅光子学互连应用实例

一个采用粗波分复用的四通道 12.5Gb/s 的硅光子链路已在文献[32－34]中给出了演示验证。链路的发射器包含由 4 个异类集成 DBR 激光器组成的阵列。每个激光器由不同的外延材料并排粘结到硅晶粒上制成(每个外延两个激光器)。激光器利用光腔前后的硅 DBR 反射镜选择波长,工作于 1291nm、1311nm、1331nm 和 1351nm。激光器的输出被送到由 4 个并行的运行于

12.5Gb/s 的硅 Mach – Zehnder 调制器组成的阵列中,并利用一个中阶梯光栅将信号多路复用到单输出的波导中。在光纤耦合之前,硅/氮化硅倒锥体被用来扩展输出光模式。整个发射器与一个硅光子接收器一起进行了封装与测试。该接收器含有解复用器和一个由 4 个硅锗光电探测器组成的阵列。链路的所有 4 个通道同时运行时,在 10Gb/s 具有优于 10^{-12} 的误码率(BER)。在 12.5Gb/s 时,4 个通道中的 3 个误码率优于于 10^{-12},第 4 个为 3×10^{-10}。

参 考 文 献

1. L. A. Coldren, S. W. Corzine, *Diode Lasers and Photonic Integrated Circuits*, Wiley, New York, 1995.
2. G. P. Agrawal, *Fiber-Optic Communication Systems*, Wiley, New York, 2002.
3. T. B. Simpson, J. M. Liu, A. Gavrielides, "Bandwidth enhancement and broadband noise reduction in injection locked semiconductor lasers," *IEEE Photonics Technology Letters*, vol. 7, no. 7, 1995.
4. J. Wang, M. K. Haldar, L. Li, F. V. C. Mendis, "Enhancement of modulation bandwidth of laser diodes by injection locking," *IEEE Photonics Technology Letters*, vol. 8, no. 1, 1996.
5. G. P. Agrawal, A. H. Bobeck, "Modeling of distributed feedback semiconductor lasers with axially varying parameters," *IEEE Journal of Quantum Electronics*, vol. 24, no. 12, pp. 2407–2414, 1988.
6. S. Ogita, Y. Kotaki, M. Matsuda, Y. Kuwahara, H. Ishikawa, "Long-cavity, multiple phase shift, distributed feedback laser for linewidth narrowing," *Electronics Letters*, vol. 25, no. 10, pp. 629–630, 1989.
7. Y. H. Wang, K. Tai, J. D. Wynn, M. Hong, R. J. Fischer, J. P. Mannarts, A. Y. Cho, "GaAs/AlGaAs multiple quantum well GRIN-SCH vertical cavity surface-emitting laser diodes," *IEEE Photonics Technology Letters*, vol. 2, no. 7, pp. 456–458, 1990.
8. T. -H. Oh, D. L. Huffaker, D. G. Deppe, "Comparison of vertical-cavity surface-emitting lasers with half-wave cavity spacers confined by single- or double-oxide apertures," *IEEE Photonics Technology Letters*, vol. 9, no. 7, pp. 875–877, 1997.
9. R. Rodes et al., "100 Gb/s single VCSEL data transmission link," *Optical Fiber Communication Conference and Exposition (OFC/NFOEC)*, March 4–8, 2012.
10. L. A. Johansson, Y. A. Akulova, G. A. Fish, L. A. Coldren, "Widely tunable EAM integrated SGDBR laser transmitter for analog applications," *IEEE Photonics Technology Letters*, vol. 15, no. 9, pp. 1285–1287, 2003.
11. E. A. Avrutin, J. H. Marsh, E. L. Portnoi, "Monolithic and multi-gigahertz mode locked semiconductor lasers: Constructions, experiments, models, and applications," *IEE Proceedings on Optoelectronics*, 147, no. 4, pp. 251–278, 2000.
12. K. Haneda, M. Yoshida, H. Yokoyama, Y. Ogawa, M. Nakazawa, "Measurements of longitudinal linewidths and relative intensity noise in ultrahigh-speed mode-locked semiconductor lasers," *Electronics and Communications in Japan*, vol. 89, no. 2, pp. 28–36, 2006.
13. B. R. Koch, A. W. Fang, R. Jones, O. Cohen, M. J. Paniccia, D. J. Blumenthal, J. E. Bowers, "Silicon evanescent optical frequency comb generator," *5th IEEE International Conference on Group IV Photonics,* pp. 64–66, 2008.

14. R. Amerfoort, J. B. D. Soole, C. Caneau, H. P. LeBlanc, A. Rajhel, C. Youtsey, I. Adesida, "Compact arrayed waveguide grating multifrequency laser using bulk active material," *Electronics Letters*, vol. 33, no. 25, pp. 2124–2126, 1997.

15. D. Bimberg, N. Kirstaedter, N. N. Ledentsov, Z. I. Alferov, P. S. Kop'ev, V. M. Ustinov, "InGaAs-GaAs quantum-dot lasers," *IEEE Journal of Selected Topics in Quantum Electronics*, vol. 3, no. 2, pp. 196–205, 1997.

16. A. F. J. Levi, R. E. Slusher, S. L. McCall, T. Tanbun-Ek, D. L. Coblentz, S. J. Pearton, "Electrically pumped, room-temperature microdisk semiconductor lasers with submilli-ampere threshold currents," *IEEE Transactions in Electron Devices*, vol. 39, no. 11, 1992.

17. D. Liang, M. Fiorentino, S. Srinivasan, J. E. Bowers, R. G. Beausoleil, "Low-threshold electrically pumped hybrid silicon microring lasers," *IEEE Journal of Selected Topics in Quantum Electronics*, vol. 17, no. 6, pp. 1528–1533, 2011.

18. S. Kita, K. Nozaki, S. Hachuda, H. Watanabe, Y. Saito, S. Otsuka, T. Nakada, Y. Arita, T. Baba, "Photonic crystal point-shift nanolasers with and without nanoslots—Design, fabrication, lasing, and sensing characteristics," *IEEE Journal of Selected Topics in Quantum Electronics*, vol. 17, no. 6, pp. 1632–1647, 2011.

19. K. Ding, Z. Liu, L. Yin, M. T. Hill, J. H. Marell, P. J. van Veldhoven, R. Noetzel, C. Z. Ning, "CW operation of a subwavelength metal-semiconductor nanolaser at record high temperature under electrical injection," *IEEE Winter Topicals,* pp. 15–16, 2011.

20. R. E. Camacho-Aguilera, Y. Cai, N. Patel, J. T. Bessette, M. Romagnoli, L. C. Kimerling, J. Michel, "An electrically pumped germanium laser," *Optics Express*, vol. 20, pp. 11316–11320, 2012.

21. L. Ferraioli, M. Wang, G. Pucker, D. Navarro-Urrios, N. Daldosso, C. Kompocholis, L. Pavesi, "Photoluminescence of silicon nanocrystals in silicon oxide," *Journal of Nanomaterials*, ID 43491, 2007.

22. Y. Gong, S. Ishikawa, S. Cheng, M. Gunji, Y. Nishi, J. Vuckovic, "Photoluminescence from silicon dioxide photonic crystal cavities with embedded silicon nanocrystals," *Physics Review B*, vol. 81, 235317, 2010.

23. S. S. Walavalkar, A. P. Homyk, C. E. Hofmann, M. D. Henry, C. Shin, H. A. Atwater, A. Scherer, "Size tunable visible and near-infrared photoluminescence from vertically etched silicon quantum dots," *Applied Physics Letters*, vol. 98, 153114, 2011.

24. M. Graeme, "Low-cost hybrid photonic integrated circuits using passive alignment techniques," *LEOS 2006*, pp. 98–99, 2006.

25. G. D. Maxwell, "Hybrid integration technology for high-speed optical processing devices," *Optical Internet (COIN)*, pp. 1–2, 2008.

26. G. Maxwell, "Hybrid integration of InP devices," *Conference on Indium Phosphide and Related Materials*, pp. 22–26, 2011.

27. A. Narasimha et al., "A 40-Gb/s QSFP optoelectronic transceiver in a 0.13 μm CMOS silicon-on-insulator technology," *Optical Fiber Communications Conference (OFC)*, 2008.

28. A. Narasimha et al., "An ultra-low power CMOS photonics technology platform for H/S optoelectronic transceivers at less than $1 per Gbps," *Optical Fiber Communications Conference (OFC)*, 2010.

29. A.W. Fang, "Silicon evanescent lasers," Ph.D. dissertation, University of California, Santa Barbara, 2008.

30. A.W. Fang, H. Park, R. Jones, O. Cohen, M. J. Paniccia, J. E. Bowers, "A continuous-wave hybrid AlGaInAs-silicon evanescent laser," *Photonics Technology Letters,* vol. 18, no. 10, pp. 1143–1145, 2006.

31. G. Roelkens, L. Liu, D. Liang, R. Jones, A. Fang, B. Koch, J. Bowers, "III-V/silicon

photonics for on-chip and inter-chip optical interconnects," *Laser & Photonics Review*, vol. 4, no. 6, pp. 751–779, 2010.

32. A. Alduino et al., "Demonstration of a high-speed 4-channel integrated silicon photonics WDM link with hybrid silicon lasers," *Integrated Photonics Research Conference (IPR)*, paper PDIWI5, 2010.

33. B. Koch et al., "A 4 × 12.5 Gb/s CWDM Si photonics link using integrated hybrid silicon lasers," *Conference on Lasers and Electro-Optics (CLEO)*, 2011.

34. H. Park, M. N. Sysak, H. Chen, A.W. Fang, Di Liang, L. Liao, B. R. Koch, J. Bovington, Y. Tang, K. Wong, M. Jacob-Mitos, R. Jones, J. E. Bowers, "Device and integration technology for silicon photonic transmitters," *Journal of Select Topics in Quantum Electronics*, vol. 17, no. 3, pp. 671–688, 2011.

35. B. G. Lee et al., "End-to-end multicore multimode fiber optic link operating up to 120 Gb/s," *Journal of Lightwave Technology*, vol. 30, no. 6, pp. 886–892, 2012.

36. C. L. Schow, A. V. Rylyakov, C. Baks, F. E. Doany, J. A. Kash, "25-Gb/s 6.5-pJ/bit 90-nm CMOS-driven multimode optical link," *IEEE Photonics Technology Letters*, vol. 24, no. 10, pp. 824–826, 2012.

37. K. Adachi, K. Shinoda, T. Kitatani, D. Kawamura, T. Sugawara, S. Tsuji, "Uncooled 25-Gb/s operation of a four-wavelength 1.3-µm surface-emitting DFB laser array," *IEEE Photonics Conference (PHO)*, pp. 210–211, 2011.

38. K. Sato, S. Kuwahara, Y. Miyamoto, "Chirp characteristics of 40-gb/s directly modulated distributed-feedback laser diodes," *Journal of Lightwave Technology*, vol. 23, no. 11, pp. 3790–3797, 2005.

39. P. Evans et al., "1.12 Tb/s superchannel coherent PM-QPSK InP transmitter photonic integrated circuit (PIC)," *Optics Express*, vol. 19, B154–B158, 2011.

40. P. Dobbelaere et al., "Silicon photonics for high data rate optical interconnect," *IEEE Optical Interconnects Conference*, pp. 113–114, 2012.

第5章　互连中应用的垂直腔面发射激光器

Werner H. E. Hofmann

5.1　垂直腔面发射激光器(VCSEL)在互连中的应用

本节阐明基于 VCSEL 的光互连将取代传统的基于铜的技术。VCSEL 可以以低于铜的成本提供更高的带宽,并以其小巧的尺寸实现高可扩展性的解决方案。未来的超级计算机只能通过 VCSEL 的广泛应用来实现。

互连可以承载的最大数据速率受香农定律的限制。据此,为了极致的数据速率,必须提高带宽或信噪比。由于铜在较高频率处会遭受较高阻尼和串扰的影响,因此基于铜的互连速度存在物理限制。当然,可以通过更高的信号电平和多路并行来突破限制。在过去为 CPU 增加更多的针脚并在顶部携带一个更大的散热器,即是如此。

由于电子的德布罗意波长短得多,微电子能够提供比集成光学器件更紧凑的电路。考虑到在硅微电子学已经投入了难以想象的巨量研发,微电子学很快被抛弃是不现实的。另一方面,假设带宽距离积一定,光学器件对于互连更节能。

即使光互连是未来的道路方向,世界仍然试图保持铜互连,多次推迟到光学不可避免的过渡。一个原因可能是光通信技术几乎完全由长距离市场驱动。尽管技术成就显著,但是缩减光学长距离设备的价格和能源消耗并不简单。因此,必须开发新的技术,以满足短距离光互连的要求。

VCSEL 是光学技术能否成为未来互连的主力问题的答案。VCSEL 能够在高工作温度下提供超过 40Gb/s 的最高调制速度[1]。同时,它们的功耗能以数量级的程度减少,并且可以以非常低的成本大量制造。

5.1.1　铜基互连的终结

随着为长距离应用开发的光互连不具有铜的成本竞争力,电气互连自身也被压榨到了它们的极限。

今天的硅芯片受到了其热预算的限制。令人惊讶的是,大部分产生的热量来自信号和时钟线[2]。几年前已经实现了从互补金属氧化物半导体(Comple-mentary Metal – Oxide Semiconductor,CMOS) – 兼容的自钝化铝线到封装铜线的转变。这种巨大的技术努力只是源于导电性的微小差异。这个例子表明了路线图和比例原则是多么的坚决。

每一个新一代的超级计算机需要巨大的计算速度的提升,但必须保持成本和能源消耗在中等水平。对于基于铜的互连,这不再可能长久。这就是为什么在 2008 年 IBM 的 PetaFlop 超级计算机整合了 48000 条光纤链路。根据市场规划的路线图,2020 年的 ExaFlop 主机将需要 3.2 亿光纤互连,相比于 2008 年,使用的光链路以 5 倍的速度、1/50 的能量消耗和 1/400 的价格运行[3]。还应该注意,这些计算机消耗的大部分能量是互连所需的。

超级计算机在相当早的阶段就使用了光互连,有两个原因。首先,这些高性能系统的带宽需求只能通过光学来满足;其次,可以容许更高的成本。其他系统也已经从光互连中受益很大,但是成本制约太强烈,阻碍了过去光互连的广泛使用。

5.1.2   用于光互连的 VCSEL 激光器

最简单的高速光源是直接调制激光器。如果激光器必须以低的成本和能量消耗提供优良的光束质量,则 VCSEL 是当前的技术选择。例如,这是个人计算机的每个激光鼠标都是 VCSEL 鼠标的原因[4]。

为了应用于短距光互连,VCSEL 必须提供高串行带宽,并具有允许密集封装和非制冷运行的小型化封装。

串行带宽由系统设计规则给出,如 Amdahl 定律,规定任何数据处理装置都需要提供与其计算能力相匹配的互连带宽和存储容量,以避免产生瓶颈。

另一方面,光链路的数量增加了复杂性和成本。此外,某种技术的可扩展性也受到可以连接链路数量的限制。来自 Google 的系统设计师在 2011 年表示,40Gb/s 将是其下一代数据中心所需的带宽[5]。

为了系统的可扩展性,光学芯片的高密集度封装是必要的,有着比边缘发射激光器小一个数量级的空间占用的 VCSEL,也有利于这种技术。此外,为了确保紧凑的混合封装,IBM 的 TERABUS 项目[6]已经提出了在一侧具有电扇出、在另一侧具有光扇出的底部发射器件。这要求衬底是透明的,需要如 980nm 这样更长的波长,而无法适配针对约 100m 长的多模光纤链路设计的标准的850nmVCSEL。此外,980nmVCSEL 器件允许使用热导率好得多的二元分布布拉格反射镜,而不是三元分布。这使得这些器件能够在温度高得多的环境下运行,比如在非制冷的密集阵列中,或集成于高性能硅 CPU 或存储器之上时。最后,

VCSEL具有比其他类型的激光电二极管小得多的能量消耗,并且正是由于这个原因,考虑到有限的自然资源,成为未来应用中的优选光源[7]。

由于光互连市场需要数十亿的可用器件,成熟的基于 GaAs 的技术似乎是未来几年的主力。另一方面,对于硅上集成光电子,$1.3\mu m$ 或 $1.55\mu m$ 之类的较长波长的无缝解决方案非常有吸引力。数据可以在穿越光纤直接传输到集成芯片的硅波导中。因此,波长较长的 VCSEL 可能是进化的下一阶段[8]。

未来的需求是封装尺寸和能量消耗的进一步缩小以及更高的带宽。一些新技术(如纳米激光器)可能会取代新发展的 VCSEL 技术[9]。

5.2　VCSEL 中的速度限制

随着系统成本随互连数量的增加,为了承载不断增长的数据通信流量,会期望以低成本实现高串行带宽。直接调制的 VCSEL 具有带宽上限,必须将其克服才能以极低的成本实现最高带宽。

持续上升的带宽需求需要更快的激光器。如今,必须制定新的通信标准,如100G 以太网,即使还没有器件能达到如此高的调制速度。因此,了解调制激光器中的机制是非常重要的,以便识别并最终最小化限制因素。

半导体激光器的主要优点之一是它们能以高速直接调制,即将电输入信号直接转换成光信号。直接调制激光器的偏置和调制共用同一电路,而且不需要外部调制器。因此,使得更有成本效益的光通信解决方案,特别是互连成为可能。与此相反,具有外部 Mach - Zehnder 调制器的 DFB 激光器是长距离传输的前沿技术。但是,对于城域范围链路和光纤到户(Fiber to the Home,FTTH)解决方案和光互连更倾向于采用直接调制的 VCSEL,因为它们可以以低得多的系统成本提供宽带数据链路[10]。此外,与边缘发射激光器相比,VCSEL 具有低得多的能量消耗和外型尺寸,使得具有低功率预算的小型化通信模块成为可能。由于功耗和散热正在成为数据中心和中央办公区的限制因素,这一点变得愈加重要[11,12]。"绿色 IT"是即将到来的问题,需要基于 VCSEL 的光互连这类新型技术。

对于数字通信中的这些应用,可以发送信息的最大速度取决于激光器的调制带宽。此外,激光器的传递函数应该在所使用的频率范围内没有峰值或谐振。与边缘发射激光器相比,具有高固有阻尼的 VCSEL 在这方面更为优越。这就是为什么 VCSEL 通常能达到与其带宽相比相当高的数据速率。

5.2.1　高速 VCSEL 激光器

为了确定调制性能的极限,速率方程分析是一个有用的工具[13,14]。对于直接调制的激光器,最简单的模型是假定光子和载流子库通过受激幅射相互作用。

载流子和光子密度的变化率遵循以下表达式:

$$\frac{\mathrm{d}N}{\mathrm{d}t} = J_{\mathrm{inj}} - J_{\mathrm{th}} - R_{\mathrm{stim}}S \tag{5.1}$$

$$\frac{\mathrm{d}S}{\mathrm{d}t} = S(\Gamma R_{\mathrm{stim}} - v_g(\alpha_i + \alpha_m)) + \Gamma J_{\mathrm{sp}} \tag{5.2}$$

式中:N 和 S 分别为有源区和光学腔内的载流子密度和光子密度。

由于必须观察单位时间内流动的粒子,粒子数必须依据有源区和光子库的容量来缩放。这里,通过约束因子 Γ 来考虑。式(5.1)指出,载流子密度变化等于注入的载流子密度(J_{inj})减去由于自发辐射或损失(J_{TH})和受激幅射($R_{\mathrm{stim}}S$)引起的载流子复合,其中 R_{stim} 为受激幅射率。

为了研究激光器的动态响应,必须分析这些速率方程及其时间导数。不幸的是,全速率方程的精确解析解是无法获得的。对于小信号将系统矩阵线性化,其行列式将得到一个众所周知的双极点滤波器函数。

系统矩阵变为

$$\begin{pmatrix} j\omega + \mu_{11} & \mu_{12} \\ -\mu_{21} & j\omega + \mu_{22} \end{pmatrix} \begin{pmatrix} \mathrm{d}N \\ \mathrm{d}S \end{pmatrix} = \begin{pmatrix} \mathrm{d}J_{\mathrm{inj}} \\ 0 \end{pmatrix} \equiv \boldsymbol{M}\boldsymbol{x} = \boldsymbol{i} \tag{5.3}$$

其中

$$\mu_{11} = \frac{\delta}{\delta N} J_{\mathrm{th}} + v_g a S \cong v_g a S \tag{5.4}$$

$$\mu_{12} = v_g g - v_g a_p S \cong v_g g_{\mathrm{th}} \tag{5.5}$$

$$\mu_{21} = \Gamma \frac{\delta}{\delta N} J_{\mathrm{sp}} + \Gamma v_g a S \cong \Gamma v_g a S \tag{5.6}$$

$$\mu_{22} = -\Gamma v_g g + v_g(\alpha_i + \alpha_m) + \Gamma v_g a_p S = J_{\mathrm{sp}}$$

$$\Gamma / S + \Gamma v_g a_p S \cong 0 \tag{5.7}$$

式(5.4)~式(5.7)中的假设,在忽略增益压缩,高于阈值时成立。

求解式(5.3),得

$$\boldsymbol{x} = \boldsymbol{M}^{-1}\boldsymbol{i} = \frac{\mathrm{d}J_{\mathrm{inj}}}{\det\boldsymbol{M}} \begin{pmatrix} j\omega + \mu_{22} \\ \mu_{21} \end{pmatrix} = \begin{pmatrix} \mathrm{d}N \\ \mathrm{d}S \end{pmatrix} \tag{5.8}$$

和

$$\det\boldsymbol{M} = \omega_R^2 + j\omega\gamma - \omega^2 \tag{5.9}$$

其中

$$\omega_R^2 = \mu_{11}\mu_{22} + \mu_{12}\mu_{21} \quad , \quad \gamma = \mu_{11} + \mu_{22} \tag{5.10}$$

107

视为弛豫振荡频率 ω_R,阻尼因子为 γ。

由于这些方程包括许多近似和假设,应该说明,数值方法将给出更好的结果。另一方面,实际器件中的非线性和不确定性是如此之大,以至于可理解的和直观的公式仍然是非常有帮助的。

阻尼和共振由 K - 因子联系起来,对过阻尼给予限制。为了便于建模,可以通过一阶低通滤波器添加寄生效应。在各种教科书中,可以找到进一步的计算,找出由寄生、器件发热、阻尼等引起的限制。不幸的是,保持这些公式简单的假设可能对于以 2.5Gb/s 运行的边缘发射激光器有效,但却不适用于超过 10Gb/s 的 VCSEL。高速 VCSEL 的实际限制为

(1)直接限制过阻尼响应的寄生效应;

(2)给出真实的物理限制并且增加寄生效应的阻尼;

(3)由器件发热、有源介质和激光腔所限制的弛豫振荡频率 f_R;

(4)其他非线性效应,如传输、空间烧孔、电流拥挤、模态属性等。

为了确定各种固有限制,必须看看通过小信号速率方程分析获得的原始方程:

$$4\pi^2 \cdot f_R^2 = v_g^2 \cdot g_{th} \cdot \Gamma \cdot a \cdot S \tag{5.11}$$

$$K \equiv \frac{\gamma - \gamma_0}{f_R^2} \approx \gamma/f_R^2 = \frac{4\pi^2}{v_g} \cdot \frac{1}{g_{th}} \left(\frac{1}{\Gamma} + \frac{a_p}{a} \right) \tag{5.12}$$

式(5.11)给出的谐振频率 f_R,根据群速度 V_g、阈值增益 g_{th}、光波的约束因子 Γ、微分增益 a 以及光子密度 S 变化。对于高调制速度,高谐振频率是优选的。通过提高谐振频率,阻尼也随之增加,从而导致性能的限制。用来判断阻尼随更高的共振频率上升多快的品质因数是 K - 因子,它也与器件的参数相关联。其相互关系由式(5.12)给出,其中 a_p 为增益压缩系数。尽管阻尼会使响应平坦化,在一些特殊情况下是有利的[15],但对于终极调制速度来说,小的 K - 因子是更优的选择。因此,阈值增益、光学约束和微分增益必须被最大化。另外,还需要低增益压缩下的高光子密度。最后,非常好的热设计是至关重要的,否则将永远不会实现高的光子密度,并且所有其他品质因数都将降级。一般来说,高速性能总是需要非常好的静态激光性能作为前提条件。

即使这些考虑一般独立于激光波长,但期望的发射波长也会对器件速度有潜在影响。这是由于两个原因。首先,较长波长的器件需要较低带隙的材料,而其提供较差的载流子限制。此外,如俄歇复合(Auger)之类的非辐射效应会更明显,并且自由载流子吸收会随着波长的二次方增加[16]。

另一方面,只有为数不多的几种器件技术可用,例如生长在 GaAs 或 InP 衬底上的器件。基于期望的发射波长,每种技术都有一些固有限制。这些事实如

108

图 5.1 所示,假设达到了最高器件技术水平时,对各种技术会自然倾向的特定激光波长进行了概览。图 5.1 中表明,约 1μm 的发射波长似乎是实现终极速度非常有前途的直接调制候选激光源[17]。

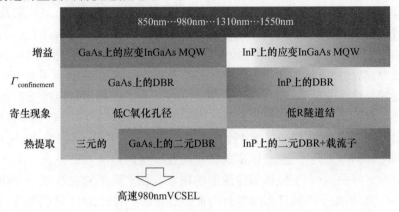

图 5.1   发射波长相关的器件技术对调制速度潜力的影响

5.3   高速、温度稳定的 980nmVCSEL

本节介绍了超高速、温度稳定的 980nmVCSEL 器件的最新进展,展示了在高达 155℃ 的温度下超过 40Gb/s 的数据速率的数据传输。

与 850nm 相比,980nm 的波长具有用于短距离光互连的几个优点。在该波长处的 GaAs 的透明度允许实现底部发射器件,从而更易于实现高封装密度以及硅光子集成。另外,还利于采用二元 GaAs/AlAs 分布式布拉格反射器(Distributed Bragg Reflectors, DBR)。通过用二元材料代替常用的三元合金,可以显著增强反射镜的热传导性,利于从 VCSEL 中更有效地提取热量。这对于高温度稳定性、高速性能至关重要。温度稳定性有助于光互连的低功耗,因为在恒定的电流和电压驱动参数下的高速运行,提供了省却制冷系统和使用更简单的驱动反馈电路的机会。

在柏林技术大学的纳米光子学中心制造的高速、温度稳定的 980nmVCSEL,构建于一个共平面低寄生的地－信号－地触点布局以及厚的苯并环丁烯(Benzocyclobuten, BCB)钝化层之中,如图 5.2(a)所示。此外,如图 5.2(b)所示,为了确定最佳的器件几何形状,我们尝试了多种器件布局。为了确定最佳设计,使用了自制的、完全自动化的晶元探针探测器来完成整个 3 英寸晶片的各种器件特性的映射测试。这允许我们为各种目的发掘最好的器件设计。结果,制造了一系列氧化限制孔径直径 1~10μm 的 VCSEL。这些 VCSEL 建立在之前报道的氧化-限制980nm器件之上[18]。为了实现更高的速度,减小腔长为$\lambda/2$。在n型-掺杂底部DBR使用了GaAs/AlAs反射镜对,不仅为了减少透射和有效腔长,而且为了增加从有源区的热量提取。降低了输出耦合镜的镜面反射率,来分别降低光子寿命或阈值增益,以实现最高调制速度。使用多个氧化限制孔径减小寄生器件电容。此外,孔径被移动到紧邻有源区,以避免载流子传输对谐振频率响应的阻尼。孔径通过原位控制湿氧化工艺形成,使用了自制的具有精确蒸汽压力、温度和通量控制的氧化炉。为了避免空间烧孔,用具有更高电子迁移率和更好导热性的纯GaAs代替了含磷势垒层。为了在高运行温度下有更好的载流子限制,用突变界面替代了有源区周围的渐变界面。为了最佳化室温性能,模式增益偏移设置为15nm。此外,对高应变InGaAs多量子阱(Multiple QuantumWell, MQW)进行了定制,以实现没有增益展宽的最大光致发光。本次测量中期望有更好的、有利于整体器件性能的增益特性。为了避免载流子库和热载流子的存储,消除了有源区周围所有的锥形边界层。有时,由于这些锥体的外延-设计看起来非常类似于边缘发射激光器中成功应用的分离约束异质结构(Separate Confinement Heterostructure, SCH)-约束,也被称为"分离约束异质结构"层。

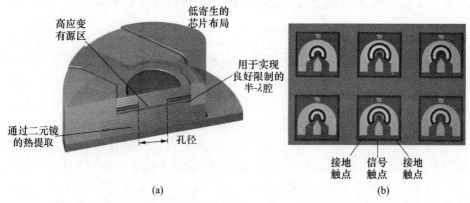

图 5.2 980nm 高速 VCSEL

(a) 高速布局中的 VCSEL 芯片示意图;(b) 在晶片上的 VCSEL 芯片照片,展示了系统的设计变化。

(芯片的接地-信号-接地布局可以通过的高频探头进行直接测量)

总之,在柏林技术大学的纳米光子学中心制造的高速、温度稳定的980nm VCSEL 具有以下特点:

(1) 低寄生芯片设计;

(2) 多氧化物孔(低电容);

(3) 复杂的调制掺杂(低电阻、低光学损耗);

（4）优化的芯片几何形状和触点布局；

（5）高速有源区；

（6）用于大微分增益的高应变 InGaAsMQW；

（7）为了避免增益压缩而采用的高电均匀性和热均匀性的 GaAs 势垒；

（8）优良的光学约束；

（9）半－波长腔；

（10）由高折射率－对比的二元底镜实现的短 DBR 穿透力；

（11）最小化运输效应；

（12）有源区旁没有类似"分离约束异质结构"的锥形结构；

（13）邻近有源区的氧化限制孔径,避免电流拥挤效应；

（14）高度优化的热设计；

（15）通过由双台面芯片支持的二元 GaAs/AlAs 反射镜实现的热量提取；

（16）有源区紧邻热沉；

（17）由 $Al_{0.90}Ga_{0.10}$ 进行了强烈的载流子限制并消除了载流子库。

5.3.1　高速 VCSEL 调制

为了评估基于光纤的光学系统的高速性能,发射器和接收器都必须能够提供足够的带宽。由于 980nm 波段对于光通信系统是相当新的,并且超高速激光器直到最近才可用,所以市场上还没有合适的接收器模块。因此,在合作研究项目中必须开发用于接收超过 40Gb/s 的数据速率的光接收器模块。利用 u^2t 公司提供的具有 ~30GHz 带宽、多模光纤输入、~0.26A/W@980nm 响应度和阻抗匹配的阻限幅放大器的接收器样品,已经开展了数据传输速率超过 25Gb/s 的实验。演示样品模块是一个定制版的 u^2t 光接收器。该套装置如图 5.3 所示。

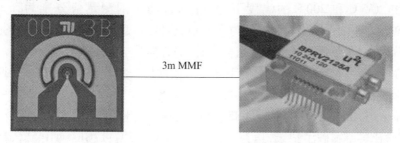

图5.3　用于特性测试的装置("准背对背"式的配置可以模拟短距光互连应用)

评判器件性能时,会根据应用需求,对最高速度、最佳能量效率或者非制冷运行提出要求。为了其中某一项指标达到最高,必须对其他要求进行妥协。另一方面,更好的器件通常在所有项目上都有更好表现。因此,器件的特性归结为最高速度对温度的曲线[19]。使用对接耦合方式和3m长的短多模光纤链路开展了测量。典型的氧化限制孔径直径为6μm的器件,表现出了0.9mA的阈值电流(在20℃)、75Ω的微分电阻以及超过8mW的最大光输出功率(当翻转电流为22mA时)。静态输出特性如图5.4所示。

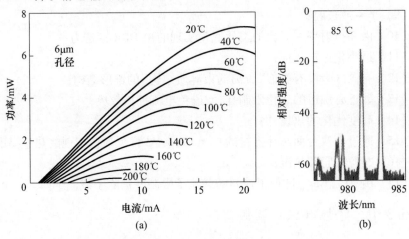

(a)   (b)

图5.4　静态输出特性

(a) 20～200℃的L-I特征;(b) 85℃下相应的光谱。

该器件可在高达200℃的环境温度下发射连续波[20]。在图5.4(a)中给出了一个代表性的氧化限制孔径为6μm的VCSEL在温度为20～200℃之间的$L-I$特性。工作电压通常为2～3V。在温度范围内,发射波长在980～985nm之间。对于6μm孔径的VCSEL,光谱是准单模的,并且形状不随温度变化,这对于稳定的光纤耦合很重要。光谱如图5.4(b)所示。以6mA的恒定电流驱动时,在85℃、155℃和200℃的温度下,光纤耦合功率的测量值分别为2.3mW、1.2mW和200μW[21]。阈值电流约为1mA,会随温度略微增加。这表明模式增益偏移太小,参照最大环境温度指标来看,仍有提升空间。

在-14～+155℃的环境温度下开展了数据传输实验,实现了12.5～49Gb/s比特率的无差错运行。对2^7-1位长的伪随机比特序列(Pseudo-Random-Bit-Sequence, PRBS)采用不归零(NRZ)编码实现了直接调制VCSEL的无差错运行,传输比特率突破了纪录,达到了:12.5Gb/s@155℃、17Gb/s@145℃、25Gb/s@120℃、38Gb/s@85℃、40Gb/s@75℃、44Gb/s@25℃、47Gb/s@0℃、49Gb/s@-14℃[1,19,20,22]。由于非常高的温度稳定性,更长的多达$2^{31}-1$位PRBS序列的比特模式,显示出了没有或只有轻微降质。大信号传输实验的结果如图5.5所示。

在图 5.5(a)中,展示了室温下的误码率(BER)图,证明了超过 40Gb/s 的无差错性能。在图 5.5(b)中,总结了所有大信号实验的温度与无误差传输比特率的关系曲线,并与 2011 年的前沿技术进行比较。我们在图 5.5a 中看到的BER 低于 10^{-12} 的 44Gb/s 实验结果,转换到图 5.5(b)中即为 44Gb/s、25℃的那一个点。

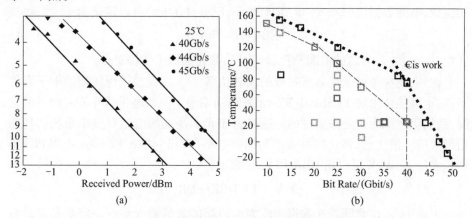

图 5.5　980nmVCSEL 的高速调制

(a) 在室温下的数据传输实验的误码率图;(b) 无误差传输比特率随环境温度
变化的曲线,包括 2010 年的最新技术以及 2011 年在柏林技术大学所取得的成果。

这个实验结果与第 2 章中给出的理论观点一致。尤其是对于高速 VCSEL,我们认为良好的热设计至关重要。因此,能够通过单个器件的运行来推动整个技术的边界。朝向更高比特率方向的不同斜率可能是由于接收器侧的限制(接收器带宽低于 30GHz,却打算用于高达 40Gb/s)。

尽管这些激光器是 30Gb/s 以上最高能效的器件[22],但更明显它们是针对最高带宽而做的优化。5.4 节将讨论针对每位最低能耗进行优化的器件。

5.4　高能效 850nmVCSEL 激光器

850nm 是数百米距离内的多模光纤链路的标准波长。最近,报道了能量效率可低于 100fJ/bit 的器件。

5.4.1　高能效数据传输

根据国际半导体技术路线图(International Technology Roadmap for Semiconductors, ITRS),用于未来光互连的激光器应该是高能效的。在 2015 年,将需要工作于 100mW/(Tb/s)(100fJ/bit)的高能效高速激光[11,23]。这些数字是指每

113

比特消耗的电能,以适应数据中心的冷却预算。该指标可以被定义为热量比特率比(Heatto Bit Rate Ratio, HBR)(mW/(Tb/s))[7]

$$\text{HBR} = P_{\text{diss}}/\text{BR} \tag{5.13}$$

式中:P_{diss}为激光器消耗的热量($P_{\text{diss}} = P_{\text{el}} - P_{\text{optical}}$);BR为比特速率。

"绿色光电子"意味着每个数据发送量所消耗的总能量是同等重要的[7]。相应地,电能数据比(Energy to Data Ratio, EDR)(fJ/bit)可以定义为

$$\text{EDR} = P_{\text{el}}/\text{BR} \tag{5.14}$$

式中:$P_{\text{el}} = V \cdot I$,为总的电能消耗,$V$和$I$为激光器的工作偏置点。

此外,还应考虑激光器所吸收的调制功率[22]。即使根据所使用的电子器件不同,也可能会出现VCSEL中实际消耗的功率小于驱动电子器件所需功率的情况,我们仍然认为这是最关键的。这是由于光源消耗的能量对整个系统功耗的倍增效应。请注意,每比特的效率与插座效率(Wall – Plug Efficiency, WPE)不同。实际上,WPE可以用HBR和EDR表示:

$$\text{WPE} = 1 - \text{HBR}/\text{EDR} \tag{5.15}$$

更进一步,这意味着在数据传输方面最高能效的激光器不一定是具有最高WPE的激光器,最佳的HBR或EDR驱动条件也不一定与WPE最高的点相同。

从每个比特消耗的能量来看,为了确定高效率激光器的设计指标,必须重述5.2节中的对速率方程分析。从式(5.11)中发现:

$$f_R^2 \propto S \propto I - I_{\text{th}} \tag{5.16}$$

后面的正比关系仅对小的驱动电流有效。请注意,对于强偏置的超高速VCSEL,情况尤非如此。假定为线性行为,可以定义一个系数D以及一个基于比特率的修正系数D_{BR}:

$$f_R \equiv D\sqrt{I - I_{\text{th}}} \propto \text{BR} \equiv D_{\text{BR}}\sqrt{I - I_{\text{th}}} \tag{5.17}$$

为了建立VCSEL消耗的电功率的模型,使用一个具有串联电阻的理想二极管,并定义:

$$U \equiv U_{\text{th}} + R_d I \tag{5.18}$$

式中:U_{th}为阈值电压;R_d为差分串联电阻。

可以将式(5.14)中定义的EDR写为如下形式:

$$\text{EDR} = \frac{U \cdot I}{\text{BR}} = \frac{1}{\text{BR}}\left[\left(\left(\frac{\text{BR}}{D_{\text{BR}}}\right)^2 + I_{\text{th}}\right)U_{\text{th}} + \left(\left(\frac{\text{BR}}{D_{\text{BR}}}\right)^2 + I_{\text{th}}\right)^2 R_d\right] \tag{5.19}$$

$$= U_{\text{th}}\left(\frac{\text{BR}}{D_{\text{BR}}^2} + \frac{I_{\text{th}}}{\text{BR}}\right) + R_d\left(\left(\frac{\text{BR}^{\frac{3}{4}}}{D_{\text{BR}}}\right)^2 + \frac{I_{\text{th}}}{\sqrt{\text{BR}}}\right)^2 \tag{5.20}$$

114

为了实现小的 EDR 值和高效率的激光器，R_d 和 U_{th} 必须尽可能小。这意味着需要对 VCSEL 针对低电子损耗进行优化。将需要用大比特率来补偿高阈值电流。另一方面，对于给定的系数 D，更高的比特率会换算为更低的效率。这就是为什么建议使用具有非常小阈值电流的激光器。如果忽略式(5.20)中的阈值电流，可以得

$$\text{EDR} \mid_{I_{th}=0} = U_{th} \frac{\text{BR}}{D_{\text{BR}}^2} + R_d \frac{\text{BR}^3}{D_{\text{BR}}^4} \qquad (5.21)$$

从式(5.21)，可以了解到，较低的 EDR 值对于较高的比特率变得越来越困难。高的系数 D，另一方面，是高效率激光器的关键。系数 D 可写为

$$D = \frac{1}{2\pi} \sqrt{\frac{v_g}{e} \cdot \frac{\eta_i a}{V_{res}}} \qquad (5.22)$$

式中：η_i 为微分量子效率；V_{res} 为光学谐振器的体积。这清楚地表明，对于高能量效率链路来说，小孔径 VCSEL 在许多方面是有益的。首先，能达到低电流阈值，其次，可以受益于其更高的系数 D 值。

在 850～1550nm 波段，已经研发出了高效的高速 VCSEL[24]，并有潜力针对最高数据传输效率进行优化。2011 年，绿色光子学的主题已成为了公众和科学界的兴趣，开启了聚焦于该专题的会议和表彰该领域成就的科学奖[25]。文献[26]报道了 1060nm 以 10Gb/s 运行的 HBR 为 140mW/(Tb/s)的 VCSEL。对于较长的波长，每个光子使用较少的能量，因此具有内在的优点。此外，还可以使用具有更好增益特性的有源区材料[21]。然而，850nm 仍然是当前用于光纤链路的标准波长。另一方面，对于短距离光互连应用，其他波长的专利解决方案也可以进入市场。为了满足未来数据中心和超级计算机的需求，科研人员已经在提高比特率[1,17,21,22,27-31]和能量效率[22,25-27,30,32-36]方面做出了巨大努力。台湾地区的研究人员可以展示具有高插座效率和 109mW/(Tb/s)的卓越 HBR 的单模器件[34]。请注意，对于一种给定的器件技术，提升到更高的比特率需电流密度随其二次方速率地提高，这使得以更高比特率运行的高能效器件更具挑战性。为了实现 30Gb/s 或更高的比特率，通常需要 500fJ/bit 或更高的 EDR[27]。因此，在高达 35Gb/s 的比特率下，HBR 和 EDR 值达到 200～300fJ/bit 量级也是出色的结果[22,33]。

5.4.2　用于互连的高能效 VCSEL

从一阶近似来看，对于给定的直接调制的 VCSEL 器件，谐振频率随着 VCSEL 功率的平方根而上升。因此，很容易理解，当高速 VCSEL 以更高的

比特率运行时,通常每比特会消耗更多的能量。然而,为超高比特率工作而设计的 VCSEL,不一定仅通过简单地减小泵浦电流和比特率来获得更高的能量效率。为了实现高能效的高速性能,在低驱动电流下必须实现大的谐振频率。

近日,柏林技术大学的纳米光子学中心在高能效 VCSEL 领域取得了进展,这些器件为最高的能量效率进行了优化。图 5.6 给出了室温下,高效能 850nm 波段的器件结果。HBR 在 17Gb/s 速率下为 69mW/(Tb/s),在 25Gb/s 下为 99mW/(Tb/s)。一个 100m 的光纤链路显示了可以忽略不计的功率恶化。通过将器件加热到 55℃,得到了创纪录之低的 81fJ/bit 的 EDR 和 17Gb/s 速率下 70mW/(Tb/s)的 HBR。1km 以上的多模光纤数据传输也已完成[35]。

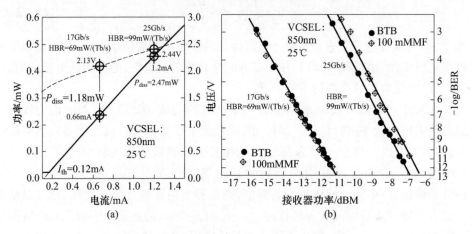

图 5.6　室温下,高效能 850nm 波段的器件结果

(a) LIV 特性,标示出了数据传输实验的偏置点;(b) 在 17Gb/s 和 25Gb/s 下该器件的误码率测量。
(能量效率:17Gb/s,HBR = 69mW/(Tb/s),EDR = 83fJ/bit;调制能量 = 10fJ/bit 25Gb/s,
HBR = 99mW/(Tb/s),EDR = 117fJ/bit;调制能量 = 6fJ/bit)

创纪录之高的数据率和效率不会在相同的驱动条件下实现。另一方面,由于器件效率在一个宽范围内并不会受环境温度影响,所以非制冷系统节约大量能量也是可行的。

5.5　长波长 VCSEL 应用于互连的优势

将无缝解决方案和硅光子学铭记于心,就会理解发射 1.3 ~ 1.6μm 的长波长 VCSEL 是非常有吸引力的光源。同时,这些波长的 VCSEL 也是可通过商业渠道获取的。

较长的波长每个光子所需能量较少。这会为有源器件带来较低的驱动电压。低于一个电子伏特的光子能量,使得创建高能效的 CMOS 驱动器芯片变得更加容易。此外,硅在这些较长的波长变成了透明的。因此,这种激光源似乎是未来集成光学和硅光子学的理想候选者。而且,从由印刷电路板构建的城域范围光纤链路到硅光子芯片核心的无缝解决方案,在这些波长上可以成为现实。另一方面,每个光子的能量较低,使这些激光器更容易受到器件加热的影响。在较长的波长,俄歇过程会变得更占优势。自由载流子吸收随波长的平方比例变化[16]。有源区和 VCSEL 芯片偏好不同的基础衬底,使得实现这类器件更具挑战性。

5.5.1　长波长 VCSEL 的挑战

伴随 VCSEL 而来,有两个主要与材料相关的首要问题要解决。首先,需要实现低损耗、高 Q 值的激光腔;第二,激光电流必须被限制在有源区,并同时避免过热。为了到达激光阈值,反射镜和光腔损失必须由激光有源区的增益来补偿。由于有源区与光学模场仅在一个很薄的垂直区域内重叠,所以需要具有高反射率镜的高 Q 腔。Fumio Koyama 等[37]在 1988 年就报道了在室温下运行的基于 GaAs 的连续波输出器件,仅仅在 1977 年激光概念由 Kenichi Iga 提出的 11 年后[38]。由于二元反射镜和稳定的湿法氧化技术的成熟,在 GaAs 材料体系上实现 VCSEL 是比较容易的。

不幸的是,在 $1.3 \sim 1.6\mu m$ 附近的所需段内实现长波长 VCSEL 发射,并没有容易的解决方案:

(1) 在 p–型导电材料中光学损耗与波长平方成比例;

(2) 在 InP 上通过四元反射镜堆进行热提取的效率不高;

(3) 在 GaAs 上没有用于有源区的经典材料;

(4) 在 InP 上没有电流孔径的氧化技术;

(5) 很厚的外延层必须精确且均匀生长。

尽管如此,已经有大量的努力投入到了以不同的概念实现这类器件的研究之中。在 InGaAlAs 材料体系中,生长于 InP 衬底之上器件已在 1999 年(脉冲式的)[39]和 2000 年(连续工作的)[40,41]有报道。实现长波长 VCSEL 器件的另一种方法是在 GaAs 衬底上生长 GaInNAs 材料(稀释氮化物)的有源区[42]。这允许使用成熟的 GaAs–基 VCSEL 技术,其反射镜具有优良热导率和氧化孔径。但是,含氮的材料还没有被完全理解,在极端温度或电流密度等特定情况下具有分解的倾向。VCSEL 激光器,在另一方面,通常会驱动在相当高电流密度之下,并且有源区还会受到自加热问题的困扰。特别是以高调制速度为目标时,更需要高载流子和光子密度,以提升弛豫振荡频率,即激光器的固有带宽。因此,在这种方法之中,顶级的性能和可靠性在某种程度上是相互矛盾的,并且将取决于含氮层的质量。基于量子点的有源区可能是更好的选择。在这里,主要的挑战是这些新型有源材料[43]的生长。

另一种方法是在 GaAs 晶片上生长分布布拉格反射器(Distributed Bragg Reflector, DBR),并在 InP 上生长有源区。通过两个晶圆键合步骤生成最后的层结构[44]。然而,键合界面显示了相当差的电气性能,使得侧向腔内触点成为必要[45]。这种必要性使得器件工艺更加复杂,并导致较高的电气寄生效应,限制了调制速度。

掩埋隧道结长波长 VCSEL,在 2000 年由 Ortsiefer 等报道[40],实现了室温下卓越性能的连续工作。

综上所述,一些迥异的基于 GaAs 或 InP 衬底的设计概念已经成熟,并且成为了可购商品。图 5.7 所示为一组相互竞争的设计概念图。

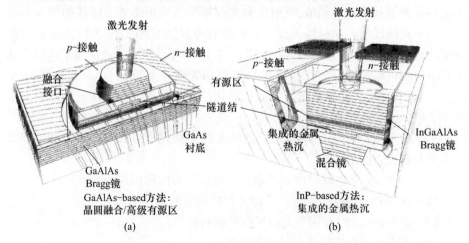

图 5.7　长波长 VCSEL 概念图(a)GaAs – 基器件,有源区基于稀释氮化物或量子点,或者有源区为 InP – 基并且晶圆融合了 GaAs – 基的镜面;(b)InP 上的单片概念,带有混合镜面,并集成了金属热沉

VCSEL 可能是回答如何解除对更低成本、更低能耗和更多带宽的无止境的渴求这一问题的答案。由于之前所讨论的挑战,几个相当不同的长波长 VCSEL 的设计已被开发成为了成熟的商品。但是,工业界通常喜欢从各种各样的供应商处购买具有出色性能的标准产品,而不是从利弊皆有的专利解决方案中进行选择。此外,最近取得的 VCSEL 的研究进展可能已被低估。在另一方面,一些需要这些波段的新的应用,比如硅光子学,可能会改变人们的想法。

参 考 文 献

1. W. Hofmann, P. Moser, P. Wolf, A. Mutig, M. Kroh, D. Bimberg, "44 Gb/s VCSEL for optical interconnects," *OFC/NFOEC*, PDPC5, pp. 1–3, 2011.
2. T. Mudge, "Power: A first-class architectural design constraint," *Computer*, 34, pp. 52–58, 2001.
3. F. Doany, C. Schow, C. Baks, D. Kuchta, P. Pepeljugoski, L. Schares, R. Budd, F. Libsch, R. Dangel, F. Horst, B. Offrein, J. Kash, "160 Gb/s bidirectional polymer-waveguide board-level optical interconnects using CMOS-based transceivers," *IEEE Trans. Adv. Packaging*, 32, pp. 345–359, 2009.
4. D. Wiedenmann, M. Grabherr, R. Jäger, R. King, "High-volume production of single-mode VCSELs," *Proc. SPIE*, vol. 6132, pp. 1–12, 2006.
5. A. Vahdat, H. Liu, X. Zhao, C. Johnson, "The emerging optical data center," *OFC/NFOEC*, OTuH2, pp. 1–3, 2011.
6. L. Schares, J. Kash, F. Doany, C. Schow, C. Schuster, D. Kuchta, P. Pepeljugoski, et al., "Terabus: Terabit/second-class card-level optical interconnect technologies," *IEEE J. Sel. Top. Quantum Electron.*, vol. 12, pp. 1032–1044, 2006.
7. W. Hofmann, P. Moser, D. Bimberg, "Energy-efficient interconnects," in *Breakthroughs in Photonics 2011, IEEE Photonics Journal*, 2012.
8. W. Hofmann, "Evolution of high-speed long-wavelength vertical-cavity surface-emitting lasers," *Semicond. Sci. Technol.*, vol. 26, pp. 014011, 2011.
9. S. Chuang, D. Bimberg, "Metal-cavity nanolasers," in *Breakthroughs in Photonics 2010, IEEE Photonics Journal*, p. 288, 2011.
10. E. Wong, M. Mueller, P. Dias, C. Chan, M.-C. Amann, "Energy-saving strategies for VCSEL ONUs," *OFC/NFOEC*, OTu1H5, pp. 1–3, 2012.
11. D. Miller, "Device requirements for optical interconnects to silicon chips," *Proc. IEEE*, vol. 97, pp. 1166–1185, 2009.
12. M. Taubenblatt, "Optical interconnects for high-performance computing," *J. Lightwave Technol.*, vol. 30, pp. 448–457, 2012.
13. L. Coldren, S. Corzine, "Dynamic effects," in *Diode Lasers and Photonic Integrated Circuits*, pp. 184–212, Wiley, New York, 1995.
14. W. Hofmann, "Laser dynamics," in *InP-based Long-Wavelength VCSELs and VCSEL Arrays for High-Speed Optical Communication,* pp. 25–40, Verein zur Förderung des Walter Schottky Institut der Technischen Universität München, Munich, 2009.
15. L. Graham, H. Chen, D. Gazula, T. Gray, J. Guenter, B. Hawkins, R. Johnson, C. Kocot, A. MacInnes, G. Landry, J. Tatum, "The next generation of high-speed VCSELs at Finisar," *Proc. SPIE*, vol. 8276, p. 827602, 2012.
16. J. Buus, M.-C. Amann, *Tunable Laser Diodes and Related Optical Sources*, Wiley-VCH, Weinheim, Germany, 2005.
17. Y. Chang, C. Wang, L. Coldren, "High-efficiency, high-speed VCSELs with 35 Gb/s error-free operation," *Electron. Lett.*, vol. 43, pp. 1022–1023, 2007.
18. A. Mutig, *High-Speed VCSELs for Optical Interconnects,* Springer, 2011.
19. P. Wolf, P. Moser, G. Larisch, M. Kroh, A. Mutig, W. Unrau, W. Hofmann, D. Bimberg, "High-performance 980 nm VCSELs for 12.5 Gbit/s data transmission at 155 °C and 49 Gbit/s at –14 °C," *Electron. Lett.*, vol. 48, pp. 389–390, 2012.
20. W. Hofmann, P. Moser, A. Mutig, P. Wolf, W. Unrau, D. Bimberg, "980-nm VCSELs for

Optical Interconnects at 25 Gb/s up to 120 °C and 12.5 Gb/s up to 155 °C," *Proc. CLEO/ QELS*, pp. 1–2, 2011.

21. W. Hofmann, P. Moser, P. Wolf, G. Larisch, W. Unrau, D. Bimberg, "980-nm VCSELs for optical interconnects at bandwidths beyond 40 Gb/s," *Proc. SPIE*, vol. 8276, 827605, 2012.

22. P. Moser, P. Wolf, A. Mutig, G. Larisch, W. Unrau, W. Hofmann, D. Bimberg, "85 °C error-free operation at 38 Gb/s of oxide-confined 980-nm vertical-cavity surface-emitting lasers," *Appl. Phys. Lett.*, vol. 100, p. 081103, 2012.

23. "International technology roadmap for semiconductors," 2007 Edition, http://www.itrs. net/Links/2007ITRS/ExecSum2007.pdf, accessed January 2012.

24. A. Larsson, "Advances in VCSELs for communication and sensing," *IEEE J. Sel. Top. Quantum Electron.*, vol. 17, pp. 1552–1567, 2011.

25. P. Moser, J. Lott, P. Wolf, G. Larisch, A. Payusova, G. Fiol, N. Ledentsov, W. Hofmann, D. Bimberg, "Energy-efficient vertical-cavity surface-emitting lasers (VCSELs) for "green" data and computer communication," *Proc. SPIE*, Photonics West, Green Photonics Award in Communications, San Francisco, CA, 2012.

26. S. Imai, K. Takaki, S. Kamiya, H. Shimizu, J. Yoshida, Y. Kawakita, T. Takagi, et al., "Recorded low-power dissipation in highly reliable 1060-nm VCSELs for 'green' optical interconnection," *IEEE J. Sel. Top. Quantum Electron.*, vol. 17, pp. 1614–1620, 2011.

27. P. Westbergh, J. Gustavsson, A. Haglund, A. Larsson, F. Hopfer, G. Fiol, D. Bimberg, A. Joel, "32 Gbit/s multimode fibre transmission using high-speed, low-current density 850 nm VCSEL," *Electron. Lett.*, vol. 45, pp. 366–368, 2009.

28. P. Westbergh, J. Gustavsson, B. Kögel, A. Haglund, A. Larsson, A. Mutig, A. Nadtochiy, D. Bimberg, and A. Joel, "40 Gbit/s error-free operation of oxide-confined 850 nm VCSEL," *Electron. Lett.*, vol. 46, pp. 1014–1016, 2010.

29. S. Blokhin, J. Lott, A. Mutig, G. Fiol, N. Ledentsov, M. Maximov, A. Nadtochiy, V. Shchukin, and D. Bimberg, "Oxide confined 850 nm VCSELs operating at bit rates up to 40 Gbit/s," *Electron. Lett.*, vol. 45, pp. 501–503, 2009.

30. T. Anan, N. Suzuki, K. Yashiki, K. Fukatsu, H. Hatakeyama, T. Akagawa, K. Tokutome, M. Tsuji, "High-speed 1.1 µm-range InGaAs VCSELs," *OFC/NFOEC 2008*, OThS5, pp. 1–3, 2008.

31. W. Hofmann, M. Müller, P. Wolf, A. Mutig, T. Gründl, G. Böhm, D. Bimberg, M.-C. Amann, "40 Gbit/s modulation of 1550 nm VCSEL," *Electron. Lett.*, vol. 47, pp. 270–271, 2011.

32. P. Moser, W. Hofmann, P. Wolf, J. Lott, G. Larisch, A. Payusov, N. Ledentsov, D. Bimberg, "81 fJ/bit energy-to-data ratio of 850 nm vertical-cavity surface-emitting lasers for optical interconnects," *Appl. Phys. Lett.*, vol. 98, p. 231106, 2011.

33. Y. Chang, L. Coldren, "Efficient, high-data-rate, tapered oxide-aperture vertical-cavity surface-emitting lasers," *IEEE J. Sel. Top. Quantum Electron.*, vol. 15, pp. 704–715, 2009.

34. J. Shi, W. Weng, F. Kuo, J. Chyi, "Oxide-relief vertical-cavity surface-emitting lasers with extremely high data-rate/power-dissipation ratios," *OFC/NFOEC*, OThG2, pp. 1–3, 2011.

35. P. Moser, J. Lott, P. Wolf, G. Larisch, A. Payusov, N. Ledentsov, W. Hofmann, D. Bimberg, "99 fJ/(bit·km) energy to data-distance ratio at 17 Gb/s across 1 km of multimode optical fiber with 850-nm single-mode VCSELs," *IEEE Photon. Technol. Lett.*, vol. 24, pp. 19–21, 2012.

36. M.-C. Amann, M. Müller, and E. Wong, "Energy-efficient high-speed short-cavity VCSELs," *Proc. OFC/NFOEC 2012*, OTh4F.1, 2012.

37. F. Koyama, S. Kinoshita, K. Iga, "Room-temperature continuous wave lasing character-

120

istics of GaAs vertical-cavity surface-emitting laser," *Appl. Phys. Lett.,* 55, pp. 221–222, 1989.

38. K. Iga, "Surface-emitting laser—Its birth and generation of new optoelectronics field," *IEEE J. Sel. Top. Quantum Electron.,* vol. 6, pp. 1201–1215, 2000.

39. C. Kazmierski, J. Debray, R. Madani, J. Sagnes, A. Ougazzaden, N. Bouadma, J. Etrillard, F. Alexandre, M. Quillec, "+55 °C pulse lasing at 1.56 μm of all-monolithic InGaAlAs-InP vertical-cavity lasers" *Electron. Lett.,* vol. 35, pp. 811–812, 1999.

40. M. Ortsiefer, R. Shau, G. Böhm, F. Köhler, M.-C. Amann, "Room-temperature operation of index-guided 1.55 μm InP-based vertical-cavity surface-emitting laser," *Electron. Lett.,* vol. 36, pp. 437–438, 2000.

41. W. Yuen, G. Li, R. Nabiev, J. Boucart, P. Kner, R. Stone, D. Zhang, et al., "High-Performance 1.6 μm single-epitaxy top-emitting VCSEL," *Electron. Lett.,* vol. 36, pp. 1121–1123, 2000.

42. H. Riechert, A. Ramakrishnan, G. Steinle, "Development of InGaAsN-based 1.3 μm VCSELs," *Semicond. Sci. Technol.,* vol. 17, pp. 892–897, 2002.

43. N. Ledentsov, F. Hopfer, D. Bimberg, "High-speed quantum-dot vertical-cavity surface-emitting lasers," *Proc. IEEE,* vol. 95, pp. 1741–1756, 2007.

44. A. Syrbu, A. Mircea, A. Mereuta, A. Caliman, C. Berseth, G. Suruceanu, V. Iakovlev, M. Achtenhagen, A. Rudra, E. Kapon, "1.5 mW single-mode operation of wafer-fused 1550 nm VCSELs," *IEEE Photon. Technol. Lett.,* vol. 16, pp. 1230–1232, 2004.

45. A. Mereuta, G. Suruceanu, A. Caliman, V. Iakovlev, A. Sirbu, E. Kapon, "10-Gb/s and 10-km error-free transmission up to 100 °C with 1.3-μm wavelength wafer-fused VCSELs," *Opt. Express,* vol. 17, pp. 12981–12986, 2009.

第6章 绿色光互连应用中的
高速光电二极管和激光电能转换器

Jin – Wei Shi

6.1 引　言

全球网络数据流量的持续增长主要由移动数据和互联网视频驱动。通过观察网络设备能量消耗的细分清单可以看出,数据中心网络设备有望成为主要的电力消耗者[1]。日前,光互连(Optical Interconnect, OI)技术的发展[1-5],使得具有更高能效和更高速度的光电子器件可以替代体型笨重、高耗电的主动/被动微波元件,已成为进一步降低数据中心的碳足迹,实现了"绿色上网"理念的一个有吸引力选择[6,7]。在未来的超级计算机中,估计用于 OI 系统的总功率消耗和带宽可以分别高达 8MW 和 400PB/s[5],这一趋势因此极大地推动着高速光源和接收器向进一步降低功耗的方向发展。

从现代 OI 系统能量消耗的细分清单中可以看到[8],由于在发射器端高速 850nm 或约 1000nm 的垂直腔面发射激光器(Vertical – Cavity Surface – Emitting Laser, VCSEL)取得了超低功耗性能的显著成就[9-14],所以在接收器端,包括光电二极管、跨阻放大器(Transimpedance Amplifier, TIA)和限幅放大器(Limiting Amplifier, LA)的功率消耗已成为总功率消耗中的主要部分。

在一个 OI 系统的接收端,由于传统的 P – I – N 光电二极管(Photodiode, PD)为了实现高速响应,需要工作在反向偏压下,所以高速光数据的信号直流(Direct Current, DC)成分通常会被浪费,导致额外的功率消耗,产生过量的热量。因此,为了 OI 系统良好地散热,在 OI 系统的发射和接收两端都采用具有优异导热性能的衬底成为一个重要问题。

OI 系统应用的光电二极管有两大发展趋势。一种是基于 Si/Ge 的 PD 器件,它可以与硅基互补金属氧化物半导体(Complementary Metal – Oxide Semiconductor, CMOS)集成电路(Integrated Circuit, IC)单片集成,并可以预期其系统尺寸和封装成本都会有进一步的降低。利用波导 PD 结构中的 Ge – 基光吸收层,工作于零偏置下、具有合理的响应度(包含了波导耦合损耗)的高速40Gb/s的优异性能已得到实验的成功验证[15,16]。CMOS兼容Ge-基PD的高速和零偏置工作能力主要是由于Ge层中的光生空穴具有比III-V族半导体-基的光吸收层中的空穴快得多的漂移速度。如此优异的性能显示了其应用于绿色OI的巨大潜力。此外,尽管Si衬底可以提供比GaAs或InP衬底更高的导热率,而绝缘硅(Silicon-On-Insulator,SOI)衬底通常也归于硅-光子技术[17,18],但由于其热量的流动,会被埋入氧化物层所阻挡而具有差的热特性。通过在芯片的布局中使用某些多晶硅-基的热量分流结构,直接将产生的热量从有源器件导入Si衬底,可以将这个问题最小化[19]。图6.1所示为一个4×10Gb/s、0.13μm的CMOS SOI集成光电收发器芯片的照片[20],该收发器芯片与单个的外调制CW激光器共封装在一起。

Si-基波导、调制器、耦合器以及电子学放大器都集成在了单片芯片上。从这些图中可以看到,这些集成的有源/无源组件(例如,在850nm和1550nm波长工作的Si-基或Ge-基的高速光电二极管(PD)[21-25])包含了硅光子技术所需的最重要的有源元件之一。图6.2所示为一个Ge-基波导光电二极管的照片,其CMOS集成电路单片集成形成了单个芯片,应用于OI或短距离光纤通信[24]。

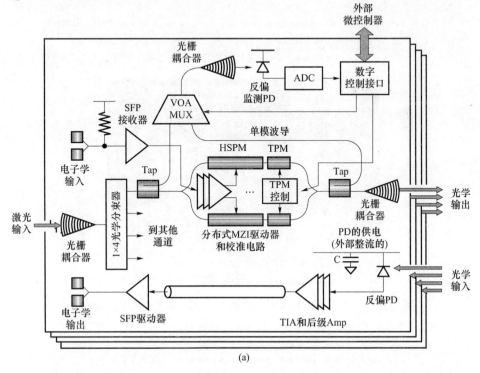

(a)

123

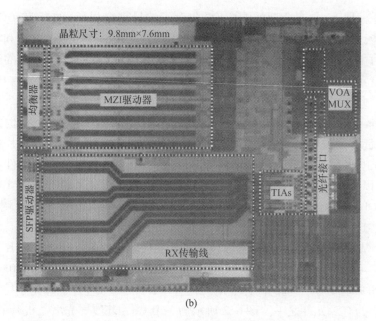

(b)

图 6.1 一个 4×10Gb/s、0.13μm 的 CMOSSOI 集成光电收发器芯片

(a) 概念图；(b) 照片。

（引自 A. Narasimha et al. ,"A 40 – Gb/s QSFP optoelectronic transceiver in a0.13μm CMOS

silicon – on – insulator technology,"Optical Fiber Communication Conference,

San Diego,CA,February 2008. ©2008 IEEE. ）

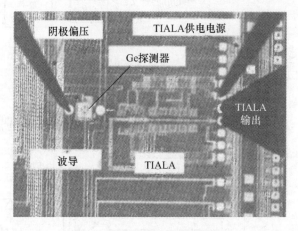

图 6.2 一个与 CMOS IC 单片集成的 Ge – 基波导光电二极管的照片

（引自 G. Masini et al. ,"A four – channel 10 Gb/s monolithic optical receiver in

130nm CMOS with integrated Ge waveguide photodetectors,"National Fiber

Optic Engineers Conference,Anaheim,CA,March2007. ©2007IEEE. ）

高速 PD 的另一个发展趋势是维持其高速性能,即使工作电压被进一步扩展到正向偏压。在这样的工作模式中,PD 是作为一个激光电能转换器(Laser Power Converter, LPC)[26],因此,可以在 OI 系统高速光数据检测过程中使用该器件生成(而不是消耗)DC 电力。图 6.3 所示为 OI 系统中使用的高速激光电能转换器[27]。可以看到,利用 T 形偏置电路从激光电能转换器检测到的信号中分离出 DC 和交流电流(Alternating Current, AC)分量,我们就可以同时产生 OI 系统的直流供电并获得清晰的眼图。

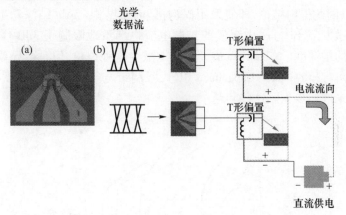

图 6.3 OI 系统中使用的高速激光电能转换器

(a)俯视图;(b)概念图。

(引自 J. – W. Shi et al. , IEEE Trans. Electron Devices, vol. 58 , pp. 2049 – 2056 , 2011. ⓒ2011 IEEE.)

在本章中,将回顾几种应用于 OI 的高速 SiGe – 基 PD 和 III – V 族半导体基的 LPC。我们将介绍其工作原理,并讨论其带宽限制因素。最后,还将介绍其在下一代 OI 系统中的应用。

6.2 Si – 基高速光电二极管:850nm 波长

6.2.1 Si – 基高速光电二极管的基本问题

由于高速 850nm VCSEL 的成熟[11,12,14],850nm 高速 PD 在 OI 系统中的应用已经吸引了大量的关注。图 6.4 所示为几种半导体材料(包括 Si 和 Ge)的吸收系数和穿透深度随波长的变化曲线[25]。可以看到,0.8μm 波长激发时,Si 具有比 GaAs 弱得多的吸收系数(1μm^{-1} 对 0.1μm^{-1}),而相应地,Si 材料的穿透深度也为其 10 倍(10μm 对 1μm)。对于 Si – 基 PD 来说,更大的穿透深度意味着更长的载流子漂移时间和更低的速度性能。此外,pn 结的深度通常在约 1μm 的

125

量级,这意味着大多数的光生载流子将集中在没有内建电场的中性 Si 衬底中。因此,可以预期到其差的速度性能。有几种报道的方法来克服 Si - 基 PD 的这一根本问题。图 6.5(a)所示为具有深沟槽和横向 pn 结结构的 Si - 基 PD 剖面图[28]。pn 结深度(沟槽深度)约为 7μm,比具有垂直 pn 结的 Si 二极管中的 pn 结长得多。图 6.5(b)所示为其在 845nm 光波长的激发下测得的光 - 电(Optical - to - Electrical, OE)频率响应[28]。如图 6.5 所示,在 845nm 的波长激发下,测量到了严重的低频滚降以及很差的 3dB 带宽(< 100MHz, 1.5GHz 的 6dB 带宽)。可以因此得出结论,即使采用深沟槽 pn 结结构(7μm 结深),在约 850nm 的光波长激发下,Si 衬底中缓慢的扩散电流也严重地限制了 3dB O - E 带宽。虽然较大的结深度(> 7μm)可最大限度地减少这种现象,但是会导致大的结电容和差的阻容(Resistor - Capacitor, RC),限制带宽。在下面的章节中,将讨论一些方法来进一步克服这些问题。

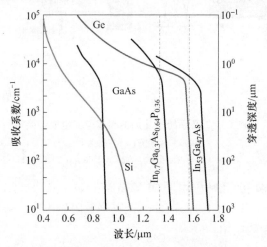

图 6.4　不同半导体材料的光吸收系数和穿透深度随波长的变化曲线

(引自 M. Morse et al. ,"State of the art Si - based receiver solutions for short reach applications," Optical Fiber Communication Conference,San Diego,CA,March 2009. ⓒ2009 IEEE.)

6.2.2　850nm 波长 Si - 基光电二极管的空间调制

已有研究表明,与现代 CMOS 工艺完全兼容的 Si - 基 PD 空间调制可以减少 850nm 波长的激发下 Si - 基 PD 的低频滚降[29]。图 6.6 给出了其原理性的剖面图以及实现过程框图。如图 6.6 所示,被遮挡的 PD 也会受到被照射的 PD 的缓慢扩散电流的影响,导致在 PD 的瞬态响应有一个低的拖尾。然而,使用一个差分放大器可以得到这两个 PD(被遮挡和照射)的差分信号,部分抵消了瞬

126

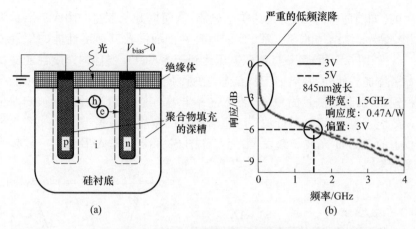

图 6.5 （a）一种深沟槽 p-i-n 光电二极管的原理剖面图,（b）在 850nm 波长激发下测量的其 O-E 频率响应

（引自 M. Yang et al. ,IEEE Electron Device Lett. ,vol. 23,pp. 395-397,2002. ⓒ2002 IEEE. ）

态响应的长尾(低频滚降)。然而,输出差分信号的幅度会小于单个光电二极管的输出幅度。由于被照射和遮挡的 PD 衬底的光电流分配不均,被照射 PD 的长尾并不能被 100% 抵消。在 850nm 光波长使用这一技术进行 2Gb/s 的数据传输已经得到了实验验证。

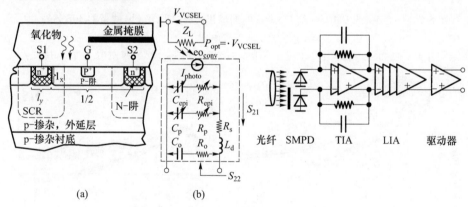

图 6.6 （a)Si-基 p-i-n 光电二极管的空间调制的原理剖面图,
（b）该器件的高速运行的配置

（引自 M. Jutzi et al. ,IEEE Photon. Technol. Lett. ,vol. 17,pp. 1268-1270,2005. ⓒ2005 IEEE. ）

6.2.3　850nm 波长硅基高速雪崩光电二极管

最近,几个研究小组已经通过将 PD 器件偏置于雪崩工作状态,在标准的 Si 衬底上制成了高速 Si-基 PD[30-33]。高速和高增益的雪崩电流屏蔽了从 Si 衬

127

底产生的(如前面所讨论的)慢速扩散电流,从而提升了带宽。图 6.7 所示为具有互相交错 pn 结结构的 Si - 基 PD 的原理性剖面图及其速度性能的偏置依赖曲线[30]。如图 6.7 所示,一旦偏压电压达到击穿点,PD 器件的速度性能随反向偏压显著增加。此外,在雪崩工作状态,在所测量的 O - E 频率响应中可能会出现谐振现象,引起所测量的 O - E 带宽进一步增加[31-33]。这种现象被归因于空间电荷效应[33]或空间电荷行波[31],超高增益带宽积也有报道[31,33]。图 6.8 所示为报道的 850nm 光波长激发、雪崩工作的 Si/SiGe - 基 APD 的 O - E 频率响应测量结果[31]。

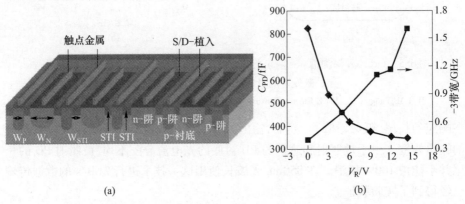

(a)　　　　　　　　　　　　　(b)

图 6.7　(a)交错式 CMOS - 基 PD 器件的剖视和顶视原理图,(b)测量的 3dB 带宽和结电容随反向偏置电压的变化

(引自 W. - K. Huang et al. ,IEEE Photon. Technol. Lett. ,vol. 19,pp. 197 - 199,2007. ⓒ2007 IEEE.)

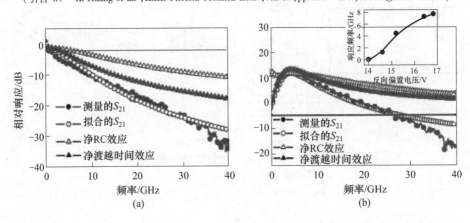

(a)　　　　　　　　　　　　　(b)

图 6.8　在击穿电压(a)之下和(b)之上运行的 Si - SiGe APD 的 O - E 频率响应测量结果

(引自 J. - W. Shi et al. ,IEEE Electron Device Lett. ,vol. 30,pp. 1164 - 1166,2009. ⓒ2009 IEEE.)

可以观察到一个明显的谐振现象。利用这一现象,在850nm光波长的激发下,可以得到10Gb/s清晰张开的眼图,以合理的灵敏度性能(-11dBm)实现无差错运行[31]。近日,又有研究小组利用Si-基空间调制结构的PD[34]工作于雪崩区来实现850nm光波长的单片Si-基光电接收器电路。这些电路具有响应度和速度性能的提升,实现了10Gb/s的张开眼图和无差错运行[34]。

6.3 1.3~1.55μm波长的Ge-基和 Ge-Si-基高速光电二极管

6.3.1 基于Ge-基和Ge-Si-基的高速光电二极管

由于在光纤中的传播损耗和色散更低的事实,1.3μm和1.55μm的波长比850nm的光波长受到了更多的重视。如图6.4所示,Si块材料的吸收在1.3~1.55μm波段微乎其微。采用Ge来扩展Si-基高速PD器件的长波长检测能力是有前途的方法。从图6.4中可以看出,在1.3μm波长下,Ge块材料的光吸收常数与III-V族-基的半导体材料(InGaAsP)是很接近的。然而,当工作波长达到1.55μm,Ge的吸收常数急剧下降,变得比III-V族-基的材料(InGaAs)小得多。Ge块材料的吸收边缘似乎是在1.5μm附近。此外,Ge和Si材料的晶格常数之间存在较大的差异,这导致在Si衬底上生长高品质的锗薄膜成为了问题。在下面的章节中,将介绍几个文献中报道的解决上述问题的技术。

6.3.2 高速高功率锗基光电二极管

Ge衬底可被用于制造高速Ge-基金属-半导体-金属(Metal-Semiconductor-Metal, MSM)或P-I-N的PD。图6.9所示为Ge-基PD的顶视图、剖面图,以及测量的外量子效率与波长的关系[35]。与InP-基的PD相比,Ge-基的PD的主要问题是其较高的暗电流密度。选择适当的触点金属,比如图6.9所示的银,是一种可能的提高势垒高度和减少暗电流密度的解决方案。此外,MSM Ge-基PD的掺杂偏析已被证明可以获得更高的肖特基势垒高度和更低的暗电流[36]。除了高的暗电流,Ge-基PD器件的另一个问题是在1.55μm波长激发下光吸收的截止。如图6.8所示,当波长达到1.55μm后测量到了外量子效率的严重下降。在Ge外延层上施加应变是一种可能进一步延长截止波长的方式[37]。

这种PD将在6.3.3节进行更详细的讨论。Ge-基PD的另一个重要问题是它与Si-基IC集成的能力。图6.10所示为生长在Si衬底上的Ge-基PD的

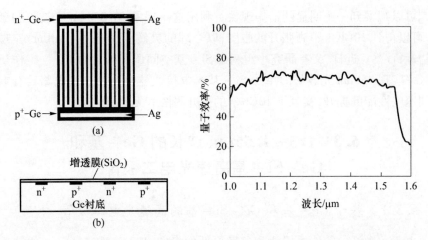

图 6.9　Ge – 基 PD 的(a)顶视图和(b)剖面图,以及测量的外量子效率与波长的关系

（引自 J. Oh et al. ,IEEE Photon. Technol. Lett. ,vol. 14,pp. 369 – 371,2002.©2002 IEEE.）

截面图[38]。可以看到,由于 Ge 和 Si 层之间大的晶格失配,一个厚 SiGe 缓冲层（几微米）是必要的。这种厚的缓冲层会阻碍底层 Si – 基 IC 和顶部 Ge – 基 PD 的单片集成。在 Si 衬底上特殊的无缓冲 Ge 层生长条件,是一个有望克服这个问题的解决方案。将在 6.3.3 节讨论这个问题。

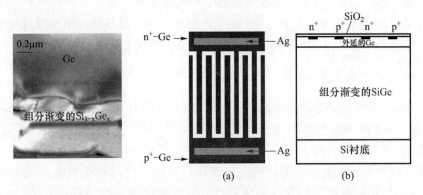

图 6.10　Si 衬底上带有组分渐变 SiGe 缓冲的 Ge – 基 PD 的截面图

（引自 J. Oh et al. ,IEEE J. Quantum Electron. ,vol. 38,pp. 1238 – 1241,2002.©2002 IEEE.）

6.3.3　高速高功率硅上锗光电二极管

如图 6.10 所示,由于 Si 和 Ge 材料之间大的晶格失配(4%），厚的 SiGe 缓冲层是完整 Si 晶圆生长所必要的。先显著降低在 Si 衬底上直接生长薄的 Ge 籽晶层的生长温度,再接着生长厚的高温 Ge 层,是一个有吸引力的在 Si 衬底上实现高品质、无缓冲 Ge 外延层的解决方案[15-17,22]。在生长过程中,生长温度降低到约 300℃ 以产生一个薄的(几纳米)、平坦覆盖在 Si 衬底上的 Ge 籽晶层,然后在高温(500~700℃)下生长厚的 Ge 外延层(几微米厚)[15-17,22]。在这之后,可以执行周期性高 – 低温氢气退火(900~700℃),以进一步降低贯穿位错,在 Si 衬底上生长高质量的 Ge 层[17]。利用这种技术,对于晶圆规模的器件处理来说,在 8 英寸① Si 晶圆上直接生长 Ge 薄膜是可能的[22]。

为了进一步减少贯穿位错缺陷密度,利用上述的生长条件配合梳状选择性区域生长技术[15-17]是一个有吸引力的解决方案。在该方案中,Si 晶片由厚场氧化层进行了图案化[15]。该氧化层带有由光刻法定义的用于 Ge 层生长开放窗口。在生长过程中,位错缺陷将终止在窗口边缘(侧壁),正常 Ge 表面的缺陷密度可因此被减少。然而,用于 Ge 层选择性生长工艺的 Si 平面通常是在(111)方向上的,这将导致 Ge 层生长成山峦形状,因此一个额外的化学 – 机械抛光(Chemical – Mechanical Polish, CMP)平坦化工艺是必要的[15]。

直接在 Si 衬底上生长 Ge 层的另一个重要的优点是其特殊的可以增强光吸收过程的应变特性。由于 Ge 层较大的晶格常数,当它们共格生长时,Si 上 Ge 会被压缩应变。然而,在 PD 的外延层,在 Si 衬底上厚的 Ge 外延会展示出拉伸应变。这是因为 Ge 的线性晶格膨胀系数比 Si 的更大,所提供的外延层在生长冷却过程中不会松弛[17]。这一拉伸应变的 Ge 外延层可以延伸 Ge 层的吸收截止波长到 $1.55\mu m$ 附近。图 6.11 所示为在有无拉伸应变时,Ge 层吸收系数随波长变化的测量结果[37]。可以看出,Ge 层中的选择性生长区域相比于完全 – 松弛的 Ge 层,在长波长侧会有残余拉伸应变(0.141%)和增强的光吸收。应变 Ge 层中的吸收常数值与 III – V 族 – 基的 $In_{0.53}Ga_{0.47}As$ 层是可比拟的。利用 Si 衬底上生长的选择性区域 GePD,非常高速的性能(>50GHz)已经在 $1.55\mu m$ 波长得到了实验验证[15,16,22]。

Ge 上 Si 生长工艺的另一优点是,它使得实现高品质的 GeSi 异质结构成为可能。实现 GeSi 异质结构的最重要动机之一是用于 $1.55\mu m$ 波长附近的高性能雪崩光电二极管(Avalanche Photodiode, APD)。这是因为 Si 材料在所有的 III – V 族 – 基半导体材料中具有最大的电子和空穴间的电离系数差异。但是,Si 的带隙限制了其在光纤通信波长范围内作为高性能 APD 的应用。通过将 Si – 基倍增层和在 $1.55\mu m$ 波长具有合理的光吸收的无缓冲生长的应变 Ge 光吸收层组合在一起,可预期得到一个高性能的通信 APD。图 6.12 所示为一个 GeSi APD 的原理性剖面图[39,40]。如图 6.12 所示,高质量的锗吸收层直接生长

---

① 1 英寸(in)=0.025 千米(km)。

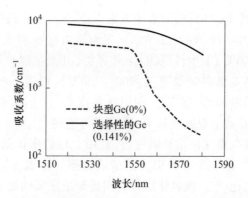

图 6.11　Si 衬底上的应变拉伸 Ge 膜和全松弛 Ge 膜的吸收系数

（引自 H. – Y. Yu et al. , IEEE Electron Device Lett. , vol. 30, pp. 1161 – 1163, 2009. ⓒ2009 IEEE. ）

在 Si – 基倍增层之上。这种 APD 已经在 1.3μm 波长展现出了非常高的增益带宽积[39,40]。

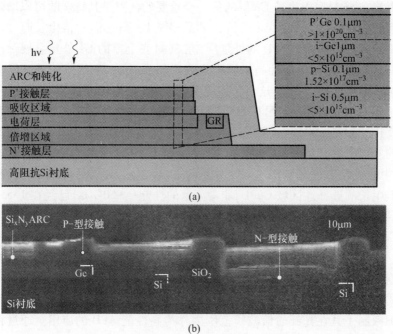

图 6.12　硅上锗 APD 的(a)剖视原理图和(b)SEM 图像

（引自 M. Piels et al. , "Microwave nonlinearities in Ge/Si avalanche photodiodes having a
gain bandwidth product of 300GHz," Conferenceon Optical Fiber Communication,
San Diego, CA, March 2009. ⓒ2009 IEEE. ）

此外,由于 N 型 Si 衬底优异的导热性,相比于其他的 III－V 型半导体衬底,硅上锗 PD 的另一有吸引力的点是它的高饱和输出功率性能。图 6.13 所示为 GeSi 单行载流子光电二极管(Uni－Traveling Carrier Photodiode, UTC－PD)的原理性剖面示意图和光学照片[41]。利用 P 型 Ge－基光吸收层,光生空穴将直接释放到 P 型欧姆接触而不经过传输。另一方面,光生电子将扩散通过 p 型吸收层和漂移越过对于 1.55μm 光波长激发透明的 i－Si 集电层。由于只有电子是这种结构的活跃载流子以及 Si 衬底良好的导热性,在约 1.55μm 光波长范围优异的高功率性已经得到了实验验证[41]。图 6.14 所示为不同偏置电压下的 O－E 频率响应,以及不同输出光电流下的 3dBO－E 带宽测量结果[41]。可以看到,在高输出光电流(约 15mA)和中等的反向偏置电压(－3V)下,这一 Si－基 UTC－PD 能维持其高速性能(约 20GHz 的 3dB 带宽)。图 6.15(a)所示为测得的 20GHz 的 RF 输出功率随光电流变化的函数。图 6.15(b)所示为 1dB 压缩电流随反向偏置电压的变化曲线。可以看到,在 －3V 偏压下,输出饱和(压缩)电流可以高达 20mA。虽然由于在 Si 集电层中电子漂移速度较小,实验验证的 UTC－PD 高功率性能比 InP－基的 UTC－PD[42] 要差,但是比市场上现售的 InP－基 PIN PD 还是优异很多的。这优秀的高功率性能意味着 SiGe UTC－PD 对模拟和光载无线电(Radio－over－Fiber)通信系统的应用价值。

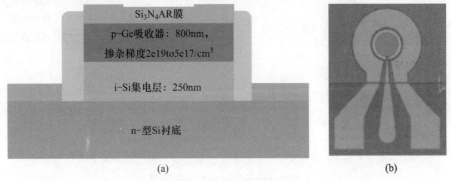

(a)   (b)

图 6.13　成品器件的(a) 剖面示意图和(b) 光学照片。

(引自 M. Piels and J. E. Bowers,Opt. Express,vol. 20,no. 7,pp. 7488－7495,2012. ⓒ2012 OSA.)

6.3.4　基于绝缘锗(GOI)和绝缘硅(SOI)的光电二极管

替代在标准 Si 衬底上制造 Si－基高速 PD 器件的技术,是在绝缘硅(Silicon－on－Insulator, SOI)或绝缘锗(Ge－on－Insulator, GOI)衬底上制造高速 PD,这两者都显示出了一些独特的优点。图 6.16 和图 6.17 分别展示了在 SOI 和 GOI 衬底上的高速 PD 的原理剖面图[21,23]。相比于标准 Si 衬底上的器件,SOI 和

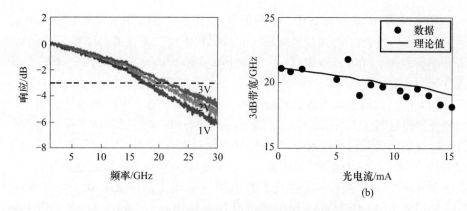

图 6.14　(a)在 200μA 光电流下带宽随偏压变化的函数，
(b)在 3V 偏压下的带宽随光电流变化的函数。

（引自 M. Piels and J. E. Bowers,Opt. Express,vol. 20,no. 7,pp. 7488 – 7495,2012. ©2012 OSA. ）

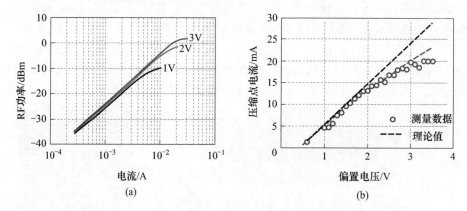

图 6.15　(a)在 20GHz 的 RF 输出功率随光电流变化的函数，
(b)1dB 压缩电流随反向偏置电压变化曲线

圆圈——测量数据；上方虚线——通过不考虑热效应的模型预测的 1dB 压缩电流；
下方虚线——含有热效应的模型。

（引自 M. Piels and J. E. Bowers,Opt. Express,vol. 20,no. 7,pp. 7488 – 7495,2012. ©2012 OSA. ）

GOI 的 PD 的主要优点是,掩埋的绝缘体层会阻挡从 Si 衬底(850nm 的光波长激发下)中缓慢扩散的电流。如 6. 2. 2 节和 6. 2. 3 节所讨论的,在标准的 Si 衬底上的 PD 中,为最小化缓慢衬底电流对速度性能的影响而采用的遮挡型 PD 结构和雪崩工作方式,在 SOI 与 GOI 衬底的情况下可能不是必要的。此外,SOI 和 GOI 衬底对实现芯片级光互连和硅基光子集成电路(Photonic – Integrated Circuits, PIC)也发挥了重要的作用。如图 6.1 所示,有必要在同一 Si 芯片上集成有源 PD 和带有无源光波导的 Si – 基调制器,以形成 Si – 基 PIC。SOI 或 GOI 衬底提供了实现这种系统的一个可行的解决方案。这是由于埋入氧化物层和有源 Ge 或 Si 外延层之间存在巨大的折射率差异。因此可以预期在 SOI 或 GOI 衬底上会有一个强的折射率导引的脊形波导。图 6.18 所示为一个用于芯片级光互连的 GOI 波导 PD 的原理性的顶视图和横截面图。可以看到,最上面的 Ge 层作为光吸收层吸收 SOI 波导中传播的 1.55μm 波长的光子。在 1.55μm 波长、零偏置电压的条件下,能以合理的响应度(约 0.4A/W,其中包含了输入 SOI 波导的 3dB 光耦合损耗)和低暗电流(约 3nA)实现超高速(>40Gb/s)性能。由于零偏压会带来零功耗,这是非常适合于绿色 OI 系统[15,16]的应用。Ge - 基 PIN 波导 PD 的这种优异的零偏置速度性能,可以归因于 Ge 光吸收层内空穴快的漂移速度。这种性能甚至可以与零偏置工作的高性能 III - V 族 - 基 UTC - PD 器件相比拟[42]。

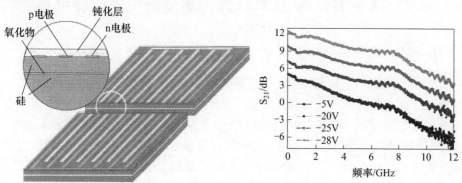

图 6.16　SOI PD 的原理剖面图及其在 850nm 波长激发测量的 O - E 频率响应,
如图可见,不存在低频滚降。

(引自 B. Yang, et al. , IEEE Photon. Technol. Lett. , vol. 15, pp. 745 - 747, 2003. ⓒ2003 IEEE.)

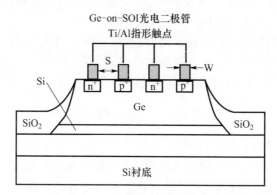

图 6.17　GOI PD 的原理剖面图

(引自 C. L. Schow et al. , IEEE Photon. Technol. Lett. , vol. 18, pp. 1981 - 1983, 2006. ⓒ2006 IEEE.)

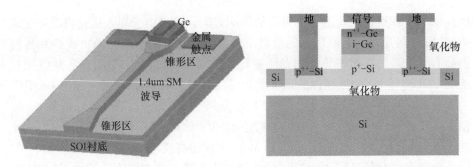

图 6.18　一个用于芯片级光互连的 GOI 波导 PD 的原理性的顶视图和横截面图
(引自 T. Yin, Opt. Express, vol. 15, no. 21, pp. 13965 – 13971, 2007. ⓒ2007 OSA.)

6.4　基于 III – V 族半导体的高速激光电能转换器

6.4.1　正向偏压下工作的 PIN 光电二极管

对于前述的 Si – 基 PD,为了耗尽深的 Si 吸收层(由于它的小光吸收常数),加速电子漂移的过程并实现高速性能,一个高的反向偏压(高于 – 3 V)通常是必要的。然而,高直流反向偏压和输出光电流会导致 OI 系统功耗的显著上升。如文献[15,16]中所讨论的,将 Ge – 基的高质量吸收层与 Si 波导相结合,对于高速零偏置工作来说,是一个有吸引力的解决方案。

另一方面,通过将 PD 的直流偏置方式转变为正向偏压,就可以生成直流供电,而不是浪费掉注入器件中的光功率的 DC 分量。此器件将起到 LPC 的作用,其产生的 DC 电力可以在 OI 系统中重新使用,提高了系统的整体效率。然而,由于正向偏置极小的电场将减缓载流子(光生空穴)的漂移速度并增加结电容,所以正向偏压将丧失传统 PIN PD 的高速性能。

在本节中,将回顾最近针对绿色 OI 系统应用的 III – V 族半导体 – 基高速激光电能转换器的工作[27,44]。利用 GaAs/In$_{0.5}$Ga$_{0.5}$P 的 LPC 结构,可以实现 10Gb/s 的无差错数据传输和 20% 效率的 DC 电能生成。

6.4.2　基于 GaAs 的高速激光电能转换器

最近,InP – 基的 UTC – PD 结构已被用于实现在零偏置运行下合理的高速和响应性能[39]。利用这种结构,就可以消除 PD 在高速数据检测期间的额外功耗。在 6.3.3 节中详细介绍了 UTC – PD 的工作原理。与传统 PIN PD 的区别在于,UTC – PD 结构中缓慢的空穴传输可以被消除,并且即使在耗尽层中电场很弱(<10kV/cm)的正向(零)偏压模式下,也能保持其高速性能。InP – 基的

UTC – PD 已经在 1.55μm 波长下表现出了优异的高速性能,而对于 OI 应用最流行的 0.8μm 波长的激发,入射光子可以产生足够的光子能量,以诱导在整个外延层结构中的吸收。因此,在之前的工作中,已经演示验证了高速 GaAs/AlGaAs – 基的 LPC。它由一个 GaAs 基的 P 型光吸收层和 $Al_{0.15}Ga_{0.85}As$ – 基的集电层组成,可以避免在 800nm 波长激发下在集电层中发生不希望的光吸收[27]。

图 6.19 所示为 LPC 实验样品的截面图。采用了典型的垂直照射 PD 结构,带有有源的圆形台面和顶部的 p 型环形触点。整个台面和用于光照射的内圆的直径分别为 28μm 和 20μm。如图 6.19 所示,器件的外延层结构类似于报道的 850nm 波长的 GaAs/AlGaAs – 基 UTC – PD[45]。该器件主要由一个 450nm 厚的 P – 型 GaAs – 基光吸收层和一个 750nm 厚的无掺杂的 $Al_{0.15}Ga_{0.85}As$ 基集电层组成。在吸收层中采用了梯度分布($1 \times 10^{19} cm^{-3}$(顶部)到 $1 \times 10^{17} cm^{-3}$(底部))的 P – 掺杂来加速光生电子的扩散速度。与传统的结构化 PIN PD 相比,由于只有电子是活跃载流子,可以期待其在零偏或正向偏置工作时达到更高的速度性能。这意味着在小电场(约 10kV/cm)下,该器件可展现出比 PIN PD 中的空穴更快的漂移速度[42]。如图 6.19 所示,LPC 的整个外延层结构生长在 N – 型分

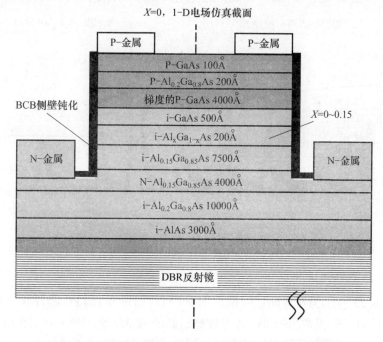

图 6.19 实验验证的高速 GaAs/AlGaAs – 基 LPC 截面图

(引自 J. – W. Shi et al. ,IEEE Trans. Electron Devices,vol. 58,pp. 2049 – 2056,2011. ©2011 IEEE.)

布式布拉格反射镜(DBR)之上,以提高其响应性能。光伏型 LPC 的主要缺点是它的低输出电压,通常会低到不能为 OI 系统中的其他有源器件直接供电。为了提升 LPC 的 DC 工作电压,几个高速 LPC 被串联起来(线性级联)。从而 DC 工作电压将正比于级联单元的数目。此外,为了最大限度地提高净输出光电流,来自每个级联单元的输出光电流必须尽可能地接近[26]。

　　单个器件所测量的 DC 响应度为 0.41A/W 左右,对应于零偏置工作状态下约 60% 的外量子效率。在低功率注入(<0.5mW)时,当工作电压达到 +0.9V,该值轻微地下降至约 0.36A/W。图 6.20 显示了不同的输出光电流下,单 LPC 和线性级联的双 LPC 器件的电流(I) - 电压(V)曲线的测量结果,标明了每个单个器件的注入光功率值。可以看出,级联器件的工作电压约为单个器件的两倍高,响应度约为其一半。这是因为要产生与单个器件相同量的输出光电流,所需的光功率是级联结构中每个单元所需的两倍高。图 6.21 显示了在不同光泵浦功率条件下,测得的 O - E 功率转换效率随单 LPC 器件和线性级联的双 LPC 器件的偏置电压的关系曲线。在低泵浦功率和最佳偏置电压下,两种器件的最大 O - E 功率转换效率约为 34% 。另一方面,当注入的光功率超过 0.5mW 时,如图 6.20 和图 6.21 中所示,可以观察到光电流和外部效率都显著降低。

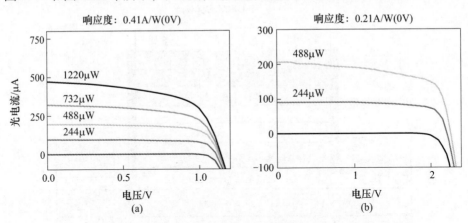

图 6.20　(a)单 LPC 器件和(b)线性级联的双 LPC 器件
在不同光泵浦功率下测得的 $I - V$ 曲线

（引自 J. – W. Shi et al. ,IEEE Trans. Electron Devices,vol. 58,pp. 2049 – 2056,2011. ⓒ2011 IEEE. ）

　　图 6.22 所示为在不同正向偏压下,单 LPC 器件和双 LPC 器件在 3dB 带宽限制下的 O - E、提取出的 RC,以及渡越时间的测量结果。当正向工作电压进一步增大时,由于载流子渡越时间的显著增加,3dB 带宽性能严重降低。这种现象可以归因于 GaAs/AlGaAs 异质结中的电流阻挡效应,并且可以在吸收层和集电

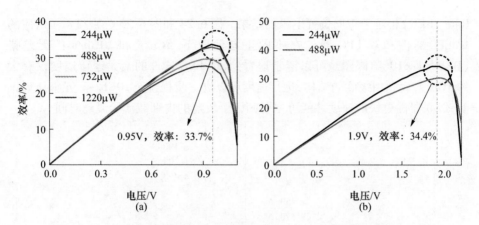

图 6.21 (a)单 LPC 器件和(b)线性级联的双 LPC 器件在不同光泵浦功率下
测得的 O－E 功率转换效率随偏置电压变化的曲线

（引自 J.－W. Shi et al.,IEEE Trans. Electron Devices,vol. 58,pp. 2049－2056,2011.ⓒ2011 IEEE.）

层之间的界面上采用 II－型异质结构使其最小化[46]。此外,双 LPC 器件相比单
LPC 器件具有的优越速度性能。这一结果可以归因于双 LPC 器件中光功率注
入的不平衡(1:1.2),从而导致注入光功率较小的器件与注入功率较高的器件
相比,会面临更小的有效 DC 或瞬时 AC 正向电压,以及更大的内建电场。更大
的内建场应该避免过冲电子漂移速度的减慢和更高的 3dB 带宽。

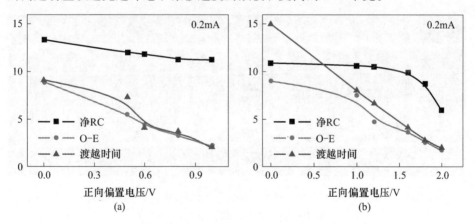

图 6.22 (a)单 LPC 器件和(b)双 LPC 器件在 3dB 带宽限制下的 O－E、提取出的 RC,
以及渡越时间的实测值与正向偏置电压的关系

（引自 J.－W. Shi et al.,IEEE Trans. Electron Devices,vol. 58,pp. 2049－2056,2011.ⓒ2011 IEEE.）

图 6.23 所示为 5Gb/s 的单 LPC 器件和 10Gb/s 的线性级联器件(伪随机比
特序列,PRBS:2^{15}－1),在不同的输出光电流下,所测量的误码率(Bit Error

Rate，BER)相对于正向偏置电压的结果。图6.24和图6.25分别显示了对应的单LPC器件和双 LPC 器件在不同正向偏压下，5Gb/s 和 10Gb/s 的无差错眼图（BER < 1×10^{-9}）眼图。可以清楚地看到，单 LPC 器件的最大运行速度仅有大约5Gb/s，而利用级联的结构，运行速度可以进一步提升至10Gb/s。正如所讨论的，级联器件更快的速度性能可主要归因于较短的内部载流子渡越时间。

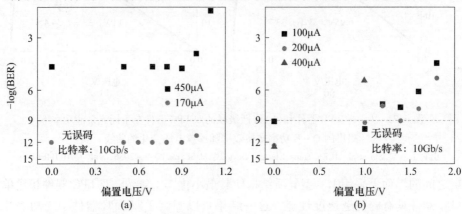

图6.23　不同的输出光电流下，(a) 单 LPC 器件在 5Gb/s 以及(b) 双 LPC
器件在 10Gb/s 下，BER 的测量值与正向偏置电压的关系

（引自 J. - W. Shi et al. , IEEE Trans. Electron Devices, vol. 58, pp. 2049 - 2056, 2011. ⓒ2011 IEEE.)

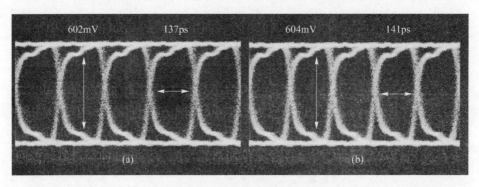

图6.24　在(a) 0V 偏压和(b) +1V 正向偏压下，测量得到的 5Gb/s 的无差错眼图，
图中的输出光电流都固定在 0.3mA

（引自 J. - W. Shi et al. , IEEE Trans. Electron Devices, vol. 58, pp. 2049 - 2056, 2011. ⓒ2011 IEEE.)

　　虽然级联器件可以达到10Gb/s的运行速度，但是注入级联的两个器件光功率需要有一定的比例，这限制了其在 OI 系统的实际应用。进一步提高的 LPC 速度性能的关键问题是最小化电流阻挡效应。

　　为了实现这样的目标，GaAs/$In_{0.5}Ga_{0.5}P$ 的 LPC 已被提出并进行了实验验

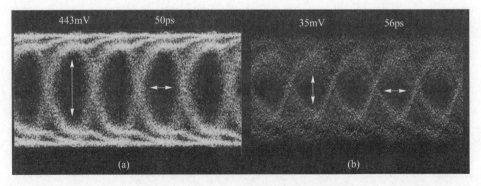

图 6.25　在 (a) 0V 偏压和 (b) +1V 正向偏压下,测量得到的 10Gb/s 的无差错眼图,
图 (a) 和图 (b) 中的输出光电流分别为 0.3mA 和 0.1mA

(引自 J. - W. Shi et al. ,IEEE Trans. Electron Devices,vol. 58 ,pp. 2049 – 2056 ,2011. ⓒ2011 IEEE.)

证[44]。图 6.26(a) 和图 6.26(b) 中的插图分别示出了所制作的器件的顶视图和剖视示意图。这样的结构和所讨论的 $GaAs/Al_{0.15}Ga_{0.85}As$ 的 LPC 之间的主要区别是:AlGaAs – 基集电层被替换为 730nm 的带有梯度掺杂分布($1 \times 10^{16} cm^{-3}$(顶部)~$5 \times 10^{18} cm^{-3}$(底部))的 $In_{0.5}Ga_{0.5}P$ 的 N 型集电(C)层。梯度掺杂分布在 C 层引入的内建电(E)场用可以加速电子扩散/漂移过程。这将显著利于 LPC 在正向偏压工作下用内部非常小的净电场实现高速性能。尽管与那些集电层未掺杂的器件[27]相比,在集电层中的使用梯度的 N 型掺杂将增加结电容并降低 RC – 限制的带宽,但这一问题可以利用带有底切结构的 $In_{0.5}Ga_{0.5}P$ 台面来最小化,将在稍后讨论。此外,如所讨论的,GaAs 基的吸收层和 C 层之间的导带偏移将阻止电子流动并严重限制 LPC 的速度性能[27],而 $In_{0.5}Ga_{0.5}P$ 集电层可以将这种影响大大减小。

为了进一步降低结电容,而不严重减小器件的有源区面积和提高微分电阻,已经在器件中实现了底切台面轮廓(如图 6.26(b) 所示)[44]。通过适当地控制湿法刻蚀时间,最终制作的器件的有源区直径约为 $10\mu m$,如图 6.26(b) 所示。器件的详细制造工艺可参考之前的工作[44]。

图 6.26(a) 示出了具有底切台面轮廓的器件所测得的 $I - V$ 曲线。可以看到,微分电阻没有底切轮廓的参考器件接近,大约为 160Ω。在用 830nm 波长不同的激光泵浦功率下,LPC 所测得的 DC 光电流随正向电压的变化曲线如图 6.26(c) 所示,对应的 O – E 功率转换效率如图 6.26(d) 所示。可以看出,最大的 O – E 转换效率发生在偏压 +1.0V 附近,对应的最大转换效率约为 23%。如图 6.19 所示,通过在器件有源层的下方插入一个中心波长约为 830nm 的分布

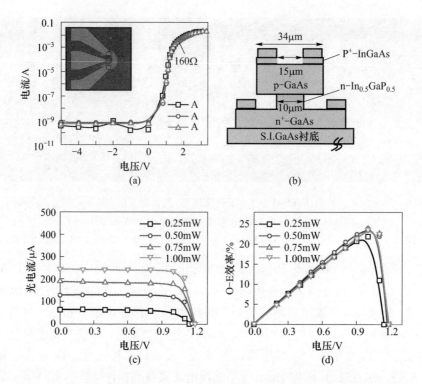

图 6.26　带有底切台面器件的(a) 暗(电流)$I-V$曲线、(b) 原理性剖面图、
(c)器件 A 在不同的光泵浦功率和正向电压下测得的光电流(空心符号),以及(d)
相应的 DC O – E 功率转换效率(图(a)中插图展示实验验证的 LPC 的顶视图)

布拉格反射器来增强其光吸收过程,LPC 有望进一步实现更高的转换效率。

　　图 6.27 所示为在固定的输出光电流(约 90μA)和两个不同的工作电压
(– 5V 和 + 0.8V)下,有底切的器件(器件 A)和无底切的参考器件(器件 B)的
O – E 频率响应(f_{O-E})测量结果。在 + 0.8V 的工作电压下,对应的最高转换效
率可达约 20% 。可以看到的对于器件 A,即使当运行电压被抬升至接近导通
点,速度的下降也没有那么严重(8 ~ 10GHz)。另一方面,由于器件 B 具有比器
件 A 更大的结电容,所以其速度性能显示出了更严重的下降(2 ~ 9GHz)。

　　正向工作电压对高速眼图测量结果的影响,是所提出的 LPC 走向实际应用
的一个关键问题。图 6.28 所示为器件 A 在 8Gb/s 和 10Gb/s 运行速率下,所测
得的 BER 与正向工作电压的关系。其中的插图显示了相应的无差错(BER <
10^{-9})眼图图案。如图所示,在 8Gbit/s 的速度下,无差错的运行可以从 0V 持续
到 + 0.8V,对应于 20% 的 DC O – E 发电效率。如图 6.28(b)所示,即使数据速

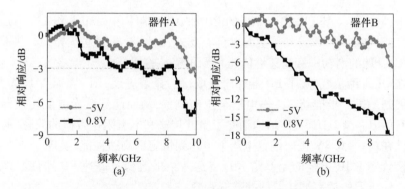

图 6.27　(a)器件 A 及(b)器件 B 在固定的输出光电流(约 90μA)下，
在 +0.8V 和 -5V 分别测得的 O - E 频率响应

率高达 10Gb/s，当电压被抬升到 +0.8V 时，还是可以保持无差错(BER < 10^{-9})
的性能。

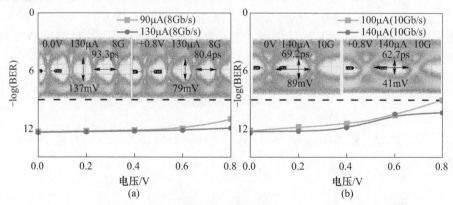

图 6.28　在(a) 8Gb/s 和(b) 10Gb/s 的运行速率下，在不同的输出光电流下，
器件 A 的 BER 测量值随正向工作电压的变化曲线(插图显示了相应的无差错眼图)

6.5　结　　论

在本章中，回顾了多种应用于绿色 OI 的高速 PD 和基于 III - V 族 - 基高速
LPC。在 850nm 波长激发下，主要的问题是 Si 衬底中缓慢的扩散电流将严重降
低 PD 的速度性能。为了克服这个问题，带遮挡的 PD 结构、雪崩工作方式，以及
SOI 衬底被用来阻止或屏蔽这一缓慢的衬底光电流。Ge - 基外延层可以加入到
Si 衬底来实现 1.3 ~ 1.55μm 波长检测。对克服 Ge 和 Si 层之间 4% 的晶格失配
所造成的问题来说，特殊的生长条件和循环温度退火工艺是必要的。在零偏置

工作下,硅上锗-基 PD 以及 GOI 的 PD 和 APD 器件在 1.3μm 和 1.55μm 的超高速性能(40Gb/s)都得到了实验验证。此外,由于与 Si 衬底优异的导热性,Ge-Si UTC-PD 的高功率和高速性能也得到了实验验证。

在 OI 应用领域,除了 PD 器件研发取得的显著进展,Ⅲ-Ⅴ族半导体基 PD 的发展则是进一步推动其工作电压至正向偏置,从而起到激光电能转换器的作用。利用 Ⅱ-型 UTC-PD 结构消除了空穴传输和电流阻挡效应的问题,所演示的器件在 0～+0.8V 正向偏置电压下可达到恒定的高速性能,实现了 20% 的电源转换效率下 10Gb/s 的无差错运行。这一结果改变了高速 PD 器件必须是一个反向偏压下的功率消耗器件的普遍观念。

相比Ⅲ-Ⅴ族-基的 PD,Si-基 PD 的主要优点是可以与成熟的 CMOS IC 相集成。近日,IBM 和 Luxtera 公司已经实验证明了 GOI 波导 PD 与 CMOS IC 的整合。在不久的将来,PD 器件将很有可能在 Si-基 PIC 的制造中起到重要作用。另一方面,Ⅲ-Ⅴ族半导体基 PD 和 VCSEL 已经成为 OI 市场中的主要产品[47]。进一步消除这些成熟的高速 PD 器件的功率消耗,甚至让他们产生的 DC 电力与 850nm 的 VCSEL 单片集成[48],成为进一步减少碳足迹、封装成本和 OI 系统尺寸的一个有吸引力的途径。

致　　谢

作者感谢 J. E. Bowers 和 Molly Piels 教授,本章参考了他们在期刊中发表文章。

参 考 文 献

1. C. Lange, D. Kosiankowski, R. Weidmann, and A. Gladishch, "Energy consumption of telecommunication networks and related improvement options," *IEEE J. Sel. Top. Quantum Electron.,* vol. 17, pp. 285–295, 2011.
2. B. E. Lemoff, M. E. Ali, G. Panotopoulos, G. M. Flower, B. Madhavan, A. F. J. Levi, and D. W. Dolfi, "MAUI: Enabling fiber-to-processor with parallel multiwavelength optical interconnects," *IEEE/OSA J. Lightwave Technol.,* vol. 22, pp. 2043–2054, 2004.
3. L. Schares, J. A. Kash, F. E. Doany, C. L. Schow, C. Schuster, D. M. Kuchta, P. K. Pepeljugoski, et al., "Terabus: Terabit/second-class card-level optical interconnect technologies," *IEEE J. Sel. Top. Quantum Electron.,* vol. 12, pp. 1032–1044, 2006.
4. K. Kurata, "High-speed optical transceiver and systems for optical interconnects," *2010 Conference on OFC/NFOEC,* San Diego, CA, March 2010.
5. J. A. Kash, A. F. Benner, F. E. Doany, D. M. Kuchta, B. G. Lee, P. K. Pepeljugoski, L. Schares, C. L. Schow, M. Taubenblat, "Optical interconnects in exascale supercomputers," *IEEE Photonic Society Meeting 2010,* Denver, CO, November 2010.
6. R. S. Tucker, "A green Internet," *IEEE Lasers and Electro-Optics Society 2008*

(*LEOS/2008*) *Annual Meeting*, Newport Beach, CA, November 2008.

7. D. Bimberg, "Green data and computer communication," *IEEE Photonic Society Meeting 2011*, Arlington, VA, October 2011.

8. Clint L. Schow, "Power-efficient transceivers for high-bandwidth, short-reach interconnects," *Optical Fiber Communication Conference*, Los Angeles, CA, March 2012.

9. K. Yashiki, N. Suzuki, K. Fukatsu, T. Anan, H. Hatakeyama, and M. Tsuji, "1.1-µm-range high-speed tunnel junction vertical-cavity surface-emitting lasers," *IEEE Photon. Technol. Lett.,* vol. 19, pp. 1883–1885, 2007.

10. S. Imai, K. Takaki, S. Kamiya, H. Shimizu, J. Yoshida, Y. Kawakita, T. Takagi, et al., "Recorded low power dissipation in highly reliable 1060-nm VCSELs for "green" optical interconnection," *IEEE J. Sel. Topics Quantum Electron.*, vol. 17, no. 6, pp. 1614–1619, 2011.

11. J.-W. Shi, C.-C. Chen, Y.-S. Wu, S.-H. Guol, and Y.-J. Yang, "The influence of Zn-diffusion depth on the static and dynamic behaviors of Zn-diffusion high-speed vertical-cavity surface-emitting lasers at a 850 nm wavelength," *IEEE J. Quantum Electron.,* vol. 45, pp. 800–806, 2009.

12. J.-W. Shi, W.-C. Weng, F.-M. Kuo, J.-I. Chyi, S. Pinches, M. Geen, and A. Joel, "Oxide-relief vertical-cavity surface-emitting lasers with extremely high data-rate/power-dissipation ratios," *OFC/NFOEC*, Los Angeles, CA, 2011.

13. Y.-C. Chang, C. S. Wang, and L. A. Coldren, "High-efficiency, high-speed VCSELs with 35 Gbit/s error-free operation," *Electron. Lett.,* vol. 43, no. 19, pp. 1022–1023, 2007.

14. P. Moser, W. Hofmann, P. Wolf, J. A. Lott, G. Larisch, A. Payusov, N. N. Ledentsov, and D. Bimberg, "81 fJ/bit energy-to-data ratio of 850 nm vertical-cavity surface-emitting lasers for optical interconnects," *Appl. Phys. Lett.*, vol. 98, no. 23, pp. 231106, 2011.

15. C. T. DeRose, D. C. Trotter, W. A. Zortman, A. L. Starbuck, M. Fisher, M. R. Watts, and P. S. Davids, "Ultra-compact 45 GHz CMOS compatible germanium waveguide photodiode with low dark current," *Opt. Express,* vol. 19, no. 25, pp. 24897–24904, 2011.

16. L. Vivien, A. Polzer, D. Marris-Morin, J. Osmond, J. M. Hartmann, P. Crozat, E. Cassan, C. Kopp, H. Zimmermann, and J. M. Fedeli, "Zero-bias 40 Gbit/s germanium waveguide photodetector on silicon," *Opt. Express,* vol. 20, no. 2, pp. 1096–1101, 2012.

17. K. Wada, S. Park, and Y. Ishikawa, "Si photonics and fiber to the home," *IEEE Proc.*, vol. 97, no. 7, pp. 1329–1336, 2009.

18. L. Tsybeskov, D. J. Lockwood, M. Ichikawa, "Si photonics: CMOS going optical," *IEEE Proc.*, vol. 97, no. 7, pp. 1161–1165, 2009.

19. M. N. Sysak, H. Park, A. W. Fang, O. Raday, J. E. Bowers, and R. Jones, "Reduction of hybrid silicon laser thermal impedance using poly Si thermal shunts," *OFC/NFOEC*, Los Angeles, CA, March 2011.

20. A. Narasimha et al., "A 40-Gb/s QSFP optoelectronic transceiver in a 0.13 µm CMOS silicon-on-insulator technology," *Optical Fiber Communication Conference,* San Diego, CA, February 2008.

21. B. Yang, J. D. Schaub, S. M. Csutak, D. L. Rogers, and J. C. Campbell, "10-Gb/s all-silicon optical receiver," *IEEE Photon. Technol. Lett.*, vol. 15, pp. 745–747, 2003.

22. M. Jutzi, M. Berroth, G. Wohl, M. Oehme, and E. Kasper, "Ge-on-Si vertical incidence photodiodes with 39-GHz bandwidth," *IEEE Photon. Technol. Lett.*, vol. 17, pp. 1510–1512, 2005.

23. C. L. Schow, L. Schares, S. J. Koester, G. Dehlinger, R. John, and F. E. Doany, "A 15-Gb/s 2.4-V optical receiver using a Ge-on-SOI photodiode and a CMOS IC," *IEEE Photon. Technol. Lett.*, vol. 18, pp. 1981–1983, 2006.

24. G. Masini, G. Capellini, J. Witzens, and C. Gunn, "A four-channel 10 Gbps monolithic optical receiver in 130nm CMOS with integrated Ge waveguide photodetectors,"

National Fiber Optic Engineers Conference, Anaheim, CA, March 2007.

25. M. Morse, T. Yin, Y. Kang, O. Dosunmu, H. D. Liu, M. Paniccia, G. Sarid, et al., "State of the art Si-based receiver solutions for short reach applications," *Optical Fiber Communication Conference*, San Diego, CA, March 2009.

26. J. Schubert, E. Oliva, F. Dimroth, W. Guter, R. Loeckenhoff, and A. W. Bett, "High-voltage GaAs photovoltaic laser power converters," *IEEE Trans. Electron Devices,* vol. 56, pp. 170–175, 2009.

27. J.-W. Shi, F.-M. Kuo, Chan-Shan Yang, S.-S. Lo, and Ci-Ling Pan, "Dynamic analysis of cascade laser power converters for simultaneous high-speed data detection and optical-to-electrical DC power generation," *IEEE Trans. Electron Devices,* vol. 58, pp. 2049–2056, 2011.

28. M. Yang, K. Rim, D. L. Rogers, J. D. Schaub, J. J. Welser, D. M. Kuchta, D. C. Boyd, et al., "A high-speed, high-sensitivity silicon lateral trench photodetector," *IEEE Electron Device Lett.,* vol. 23, pp. 395–397, 2002.

29. M. Jutzi, M. Grözing, E. Gaugler, W. Mazioschek, and M. Berroth, "2-Gb/s CMOS optical integrated receiver with a spatially modulated photodetector," *IEEE Photon. Technol. Lett.*, vol. 17, pp. 1268–1270, 2005.

30. W.-K. Huang, Y.-C. Liu, and Y.-M. Hsin, "A high-speed and high-responsivity photodiode in standard CMOS technology," *IEEE Photon. Technol. Lett.,* vol. 19, pp. 197–199, 2007.

31. J.-W. Shi, F.-M. Kuo, F.-C. Hong, and Y.-S. Wu, "Dynamic analysis of a Si/SiGe based impact ionization avalanche transit time photodiode with an ultra-high gain-bandwidth product," *IEEE Electron Device Lett.,* vol. 30, pp. 1164–1166, 2009.

32. M.-J. Lee, H.-S. Kang, and W.-Y. Choi, "Equivalent circuit model for Si avalanche photodetectors fabricated in standard CMOS process," *IEEE Electron Device Lett.,* vol. 29, pp. 1115–1117, 2008.

33. W. S. Zaoui, H.-W. Chen, J. E. Bowers, Y. Kang, M. Morse, M. J. Paniccia, A. Pauchard, and J. C. Campbell, "Origin of the gain-bandwidth-product enhancement in separate-absorption-charge-multiplication Ge/Si avalanche photodiodes," *Optical Fiber Communication Conference*, San Diego, CA, March 2009.

34. S.-H. Huang, and W.-Z. Chen, "A 10-Gbps CMOS single chip optical receiver with 2-D meshed spatially-modulated light detector," *IEEE 2009 Custom Integrated Circuits Conference*, pp. 129–132, September 2009.

35. J. Oh, S. Csutak, and J. C. Campbell, "High-speed interdigitated Ge PIN photodetectors," *IEEE Photon. Technol. Lett.,* vol. 14, pp. 369–371, 2002.

36. H. Zang, S. J. Lee, W. Y. Loh, J. Wang, M. B. Yu, G. Q. Lo, D. L. Kwong, and B. J. Cho, "Application of dopant segregation to metal-germanium-metal photodetectors and its dark current suppression mechanism," *Appl. Phys. Lett.,* vol. 92, p. 051110, 2008.

37. H.-Y. Yu, S. Ren, W. S. Jung, A. K. Okyay, D. A. B. Miller, and K. C. Sarawat, "High-efficiency p-i-n photodetectors on selective-area-grown Ge for monolithic integration," *IEEE Electron Device Lett.,* vol. 30, pp. 1161–1163, 2009.

38. J. Oh, J. C. Campbell, S. G. Thomas, S. Bharatan, R. Thoma, C. Jasper, R. E. Jones, and T. E. Zirkle, "Interdigitated Ge p-i-n photodetectors fabricated on a Si substrate using graded SiGe buffer layers," *IEEE J. Quantum Electron.,* vol. 38, pp. 1238–1241, 2002.

39. M. Piels, A. Ramaswamy, W. Sfar Zaoui, J. E. Bowers, Y. Kang, and M. Morse, "Microwave nonlinearities in Ge/Si avalanche photodiodes having a gain bandwidth product of 300 GHz," *Conference on Optical Fiber Communication*, San Diego, CA, March 2009.

40. Y. Kang, H.-D. Liu, M. Morse, M. J. Paniccia, M. Zadka, S. Litski, G. Sarid, et al., "Monolithic germanium/silicon avalanche photodiodes with 340 GHz gain-bandwidth product," *Nature Photonics,* vol. 3, pp. 59–63, 2009.

146

41. M. Piels, and J. E. Bowers, "Si/Ge uni-traveling carrier photodetector," *Opt. Express,* vol. 20, no. 7, pp. 7488–7495, 2012.
42. H. Ito, S. Kodama, Y. Muramoto, T. Furuta, T. Nagatsuma, T. Ishibashi, "High-speed and high-output InP-InGaAs unitraveling-carrier photodiodes," *IEEE J. Sel. Top. Quantum Electron.,* vol. 10, pp. 709–727, 2004.
43. T. Yin, R. Cohen, M. M. Morse, G. Sarid, Y. Chetrit, D. Rubin, and M. J. Paniccia, "31GHz Ge n-i-p waveguide photodetectors on silicon-on-insulator substrate," *Opt. Express,* vol. 15, no. 21, pp. 13965–13971, 2007.
44. J.-W. Shi, C.-Y. Tsai, C.-S. Yang, F.-M. Kuo, Y.-M. Hsin, J. E. Bowers, and C.-L. Pan, "GaAs/In$_{0.5}$Ga$_{0.5}$P laser power converter with undercut mesa for simultaneous high-speed data detection and DC electrical power generation," *IEEE Electron Device Lett.,* vol. 33, pp. 561–563, 2012.
45. J.-W. Shi, Y.-T. Li, C.-L. Pan, M. L. Lin, Y. S. Wu, W. S. Liu, and J.-I. Chyi, "Bandwidth enhancement phenomenon of a high-speed GaAs-AlGaAs based unitraveling carrier photodiode with an optimally designed absorption layer at an 830 nm wavelength," *Appl. Phys. Lett,* vol. 89, p. 053512, 2006.
46. L. Zheng, X. Zhang, Y. Zeng, S. R. Tatavarti, S. P. Watkins, C. R. Bolognesi, S. Demiguel, and J. C. Campbell, "Demonstration of high-speed staggered lineup GaAsSb–InP unitraveling carrier photodiodes," *IEEE Photon. Technol. Lett.,* vol. 17, pp. 651–653, 2005.
47. J. A. Lott, A. S. Payusov, S. A. Blokhin, P. Moser, N. N. Ledentsov, and D. Bimberg, "Arrays of 850 nm photodiodes and vertical cavity surface emitting lasers for 25 to 40 Gbit/sec optical interconnects," *Phys. Status Solidi (C),* vol. 9, no. 2, pp. 290–293, 2012.
48. J.-W. Shi, F.-M. Kuo, T.-C. Hsu, Y.-J. Yang, A. Joel, M. Mattingley, and J.-I. Chyi, "The monolithic integration of GaAs/AlGaAs based uni-traveling-carrier photodiodes with Zn-diffusion vertical-cavity surface-emitting lasers with extremely high data-rate/power-consumption ratios," *IEEE Photon. Technol. Lett.,* vol. 21, pp. 1444–1446, 2009.

第7章 用于光子检测的量子点纳米光子学

Lu dan Huang, Lih Y. Lin

7.1 引　言

传统上,单晶半导体材料已经被用作光电探测器的有源材料。在精心设计的先进的半导体制造工具的协助下,采用这些传统材料的光电探测器在过去的几十年中有了长足的进步,促成了强大的技术,如光通信和数字成像。

胶体量子点(Quantum Dot, QD)作为光电探测器的传统有源材料的替代,因其独特的性质,近年来已经吸引了大量的研究和商业化的关注。第一,胶体 QD 可灵活地与各种衬底和功能元件集成,包括互补金属氧化物半导体(Complementary Metal – Oxide Semiconductor, CMOS)硅(Si)芯片、柔性聚合物衬底和等离子增强结构等。第二,它们具有低成本和大规模生产能力的巨大潜力。这是由于胶体 QD 可以通过湿法化学合成,并且可以使用各种简单的沉积方法加工成薄膜,例如逐层自组装、滴落涂布、旋转涂布和模压等方法。这些沉积方法可在室内温度和周围环境下进行,从而消除了昂贵的高真空蒸镀工具的必要性。第三,作为本征纳米材料,它是用于实现超高分辨率成像/感测阵列的一个有前途的构建单元。

在本章中,将围绕这些优点,回顾在基于胶体 QD 的探测器方面的研究工作。QD 光电探测器的两个代表性制造方法——滴落涂布和静电逐层自组装——将在本章阐述。本章也将给出一个采用胶体等离子增强的 QD 光电探测器——完全采用溶液法处理的器件的例子。最后,讨论将 QD 用于高分辨率光电探测器阵列的潜力。

对更小、更快的多功能的计算和通信系统无止境的需求,一直驱动着器件技术向小型化、高集成密度和高速方向发展。虽然电子器件至今已经证明了其巨大的成功,但当电子器件面临速度、功耗和信道间串扰的挑战时,光子器件展现出了其作为替代者的光明前途。像电子器件一样,光子和光电子器件传统上也基于固态半导体材料,通过精心设计的自上而下的微细加工方法来实现。微细加工技术的不断进步已使新颖的微纳光子结构成为可能,如光子晶体[1]和硅基

148

狭缝波导[2]。对于光子器件仍然留有的一个挑战就是,衍射极限及其导致的光子和电子元件在混合集成时尺寸的不匹配。

另一方面,纳米的半导体材料的胶体形态或胶体 DQ 合成技术的快速进步,已经提供了具有独特光电特性和基于湿法化学制造能力材料的创新源泉。各种基于胶体 QD 的纳米光子器件都已经被提出并开展了研究,包括波导[3,4]、光伏[5-7]、LED[8] 以及独立器件间的集成[9,10]。

在所有的光子和光电子器件中,光电探测器对于光子－电子集成电路和光学技术来说,如成像、光谱学以及通信组件等,都是一个关键元件。在本章中,聚焦于半导体胶体 QD 在光电探测中的应用。该领域在最近几年进展迅速,并有了内容深入的综述性文献[11]。在本章中,将使用我们小组最近开发的胶体 QD 光电探测器实例来说明利用 QD 进行光电探测的独特优势,专注于高空间分辨率、逐层自组装和等离子体集成,而不是试图提供该领域的全面综述。本章内容安排如下:在 7.2 节中,介绍两种不同的溶液法处理方法——滴落涂布和静电逐层自组装——制造的光电探测器,然后讨论器件性能。在 7.3 节中,给出能够证实 QD 光电探测器与其他功能元件集成的灵活性的演示示例。而在 7.4 节中,通过研究 QD 光电探测器阵列中的串扰,探讨了以其制作超高分辨率成像和传感器阵列的前景。

7.2 量子点(QD)光电探测器的通用湿法制造

与传统的通过气相沉积法制造的半导体薄膜相比,胶态半导体 QD 具有湿法化学批量合成和基于溶液的薄膜成形的独特优势。通过精确控制的批量合成,可以用通用的以功能化、结合和稳定化为目的的表面化学方法合成大量的、高度单分散的半导体 QD。基于溶液－处理的能力使我们能够以高成本效益的方式形成均匀且大面积的半导体薄膜。QD 薄膜沉积技术可基于用于 QD 悬浮的溶剂大致分为两类。第一类通常在非极性有机溶液(例如氯仿、己烷、甲苯等)中进行处理。在处理中,当溶剂迅速蒸发,只留下衬底上的固体薄膜时,QD 凝为多层。这样的薄膜 QD 之间的结合主要是范德华力,所以在与非极性溶剂接触时,QD 薄膜将再次被再溶解。其结果是,这样的 QD 薄膜大多适合于薄膜沉积之后没有进一步后处理(例如光刻法)的制造。滴落涂布、旋转涂布[12,13]、浸涂[5]和喷墨印刷都属于这一类。第二类是在水溶液中处理,QD 由离子性官能团(如胺[-NH₃⁺]或羧酸[-COO⁻])钝化形成胶体悬浮液[14]。在沉积过程中,由表面电荷改性的衬底交替浸入带有负或正电荷的 QD 悬浮液。每次浸没能够产生一次 QD 的单层沉积,这一过程一直重复到达到所需的厚度。在这样的薄膜 QD

之间的结合是强很多的静电库仑力,因此,可承受可能有各种有机和无机溶剂参与的进一步的后处理步骤。

根据器件结构,QD 光电探测器可分为横向型和垂直型。横向型器件通常是光电导型光电探测器,两个相同材料(因此有同样的功函数)的金属触点放置在与 QD 薄膜水平接触的位置[13,15]。在电极上施加外部电压,可以收集由 QD 膜产生的光激发电子。与此相反,垂直型器件通常采用不同功函数的触点材料上下夹持 QD 薄膜于其间,形成光电二极管结构[7,12,16]。由功函数差而产生的内建电场扫过光激发载流子并产生光电流。

在下面的小节中,将描述两个实例:通过滴落涂布法制成的横向型 QD 光电导光电探测器和通过静电逐层自组装法制造的垂直型 QD 光电二极管光电探测器,其制造详情和器件性能将被讨论。

7.2.1　一种滴落涂布制造的横向型 QD 光电导光电探测器

光电导光电探测器由一个间隙中填充了光刻定义的金属纳米结的 QD 薄膜构成,如图 7.1(a)所示的。超小的 25 ~ 50nm(图 7.1(b))的间隙尺寸被用来创造穿过结的高场强以及限制电子穿越间隙所需的隧道步数,这两者都会增加器件的响应度[17]。

在这里,使用商购的长烃链(硬脂胺)钝化的 CdSe/ZnS QD,并悬浮于甲苯之中。当载流子在 QD 之间的行进,绝缘配体作为隧穿势垒,并且隧穿的概率随配体长度的增加呈指数下降。因此,配体去除是获得 QD 薄膜的高光激发载流子迁移率的关键。这是通过两个步骤来实现的:①部分配体在滴落涂布之前从溶液中溶出;②滴落涂布后在真空中进行 QD 薄膜的热退火。第一步通过加入乙醇或甲醇之类的极性有机试剂到非极性主溶剂中而产生沉淀的方式,把有机覆盖配体从 QD 的壳中溶出。混浊的 QD 悬浮液离心后,将上清液澄清液体倒出,从而将 QD 沉淀置入干燥器中干燥。然后可以选择将干燥后的 QD 再次分散到预制溶剂中。预制溶剂在所得到的薄膜的均匀性中起重要作用。对于在本例中的结果,最初悬浮在甲苯中商购的 CdSe/ZnS QD 被洗涤了两次,然后重新悬浮于 9:1 的己烷 - 辛烷混合物中。

微小取量预制的 QD 溶液到带有图案化电极的衬底上之后,衬底被立即移到高真空夹持盘上,在 400℃进行热处理,通过在高于配体汽化温度下加热器件进一步移除配体。图 7.1(c)所示为薄膜的原子力显微镜(Atomic Force Microscope, AFM)图像。放大的图显示出 QD 薄膜相当地均匀光滑,具有单个 QD 直径量级的粗糙度。

对所制作的 QD 探测器器件进行了测试。数据表明,该器件可以探测到低

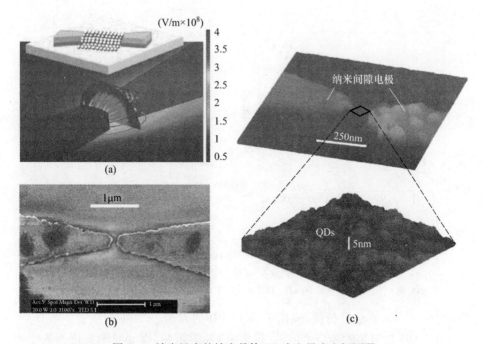

图 7.1　纳米尺度的纳米晶体 QD 光电导光电探测器

(a) 光电探测器器件的结构示意图和有限元模型,展示了集中在间隙中的正常的 DC 电场,示出了
场线和场的横截面,比例尺的单位是 V/cm×10⁸;(b) 一个典型的无纳米晶体薄膜的纳米间隙
电极的 SEM 图像;(c) QD 沉积后的器件 AFM 图像。

于 500fW 的光功率(图 7.2(a))。该器件还表现出了至少 125kHz 的带宽(图
7.2(b)),这比之前报道的纳米晶体薄膜器件的结果提高了一倍以上[13,18]。

7.2.2　一种静电逐层自组装法制造的垂直型 QD 光电二极管光电探测器

光电二极管光电探测器由一个夹在不同功函数的上下电极之间的本征 QD
薄膜构成[14]。对于在合成过程中天然覆盖短配体的 CdTe QD,被用于制造 QD
薄膜,无需额外的配体交换、配体去除或退火步骤来提高光电导。对于那些对长
时间化学处理敏感或易受高温退火伤害的衬底来说,消除这些步骤对与其集成
特别有用。除了点间距离的缩短,QD 的表面钝化也表现出了对其光伏器件性
能的促进效果。据报道,硫醇处理可通过减少作为复合中心的中间带隙状态提
高外部量子效率,以及通过减少会导致费米能级钉扎效应的金属 – 半导体结的
界面态来增加开路电压[6]。在这项工作中,采用了两种用于 CdTe QD 合成的硫
醇配体——2 – 巯基乙胺(带正电)和巯基乙酸(带负电)。这两种分子都有一个

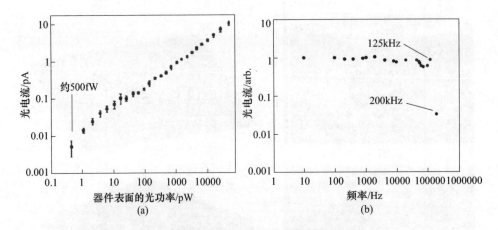

图 7.2　纳米晶体 QD 光电探测器的实验结果

(a) 灵敏度测量,低至 500fW 的输入光功率可被 50nm 的纳米间隙 QD 光电探测器检测;(b) 带宽测量到 200kHz,其结果受限于双锁定实验装置的带宽(125kHz)。

巯醇封端,与 Cd 形成共价键,钝化了 CdTe QD 的表面。

为了 QD 自组装的第一个单层(带负电)能够沉积,需要对图案化的氧化铟锡(Indium Tin Oxide, ITO)衬底(图 7.3(a))进行硅烷化,来创造一个带正电的表面,制造过程即从这里开始。硅烷化通过以下步骤完成:首先用 40W 的氧等离子体处理衬底 10min,随后立即浸没在 0.05M 的 NaOH 中 5min,以形成表面的羟基基团。然后将芯片在(3－氨基丙基)三乙氧基硅烷((3－Aminopropyl)Trie-thoxysilane, APTES)溶液(在 20mL 甲苯中加入 1mL APTES)中在 70℃处理 80h,随后在 MeOH/H_2O 中超声处理 3min,以除去表面上过量的 APTES。为了质子化胺,芯片被浸入稀 HCl 溶液中几秒钟。在此步骤中,会在 ITO 表面上出现高面积密度的带正电荷的胺。自组装是通过带负电和正电 QD 溶液交替地移送到衬底上来进行的,如图 7.3(b)所示。每个自组装步骤开始之前,都要将芯片用大量的去离子水冲洗并在真空中干燥 1h。为了避免氧化,整个过程都是在充氮气的手套箱内在黑暗中执行的。对于本次工作中的器件,沉积了 65 层的 QD。随后,旋涂了一层光致抗蚀剂的薄层(AZ1512),通过光刻法开了两个窗口(1mm×1mm)限定为光电二极管的有源区(图 7.3(c))。最后,通过电子束蒸发沉积了薄的 Al 层(约 50nm)。最终的器件结构示于图 7.3(d)中。

图 7.4 所示为实验室合成的带正电荷的 MA－CdTe QD 和带负电荷的 TGA－CdTe QD 的结构示意图和吸收/光致发光光谱。如前所述,CdTe QD 的极短的配体长度,MA 的约 0.4nm 和 TGA 的约 0.35nm,使 QD 薄膜表现出了固有的优良的光电导。从光谱曲线来看,分散在水中的 MA－CdTe QD 和 TGA－

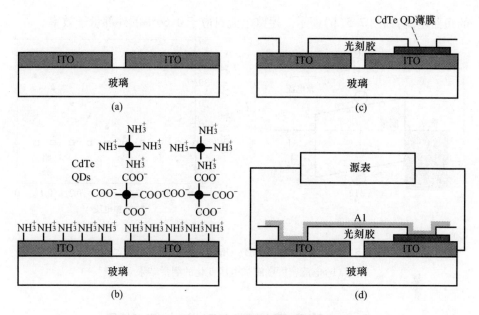

图 7.3　CdTe QD 光电二极管探测器的整体制造工艺

CdTe QD 显示出的光致发光峰值在 610nm, 对应的粒径估计值(不含封端配体长度)在 3.5nm 左右。

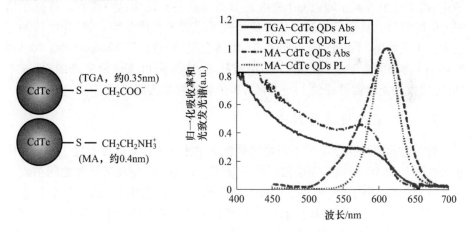

图 7.4　用于"光电二极管"探测器的 CdTe QD 的
结构示意图及其吸收/光致发光光谱曲线

短路状态(施加电压 = 0V)下 CdTe QD 光电二极管的能带结构如图 7.5(a)所示。在施加负压时, 采用强度为 53.5mW/cm² 的 405nm 波长的激光照射到 1mm × 1mm 有源区上, 发光电二极管显示出了 0.4V 的开路电压和 43.2μA/cm²

的短路电流,如图7.5(b)所示。短路电流对应于0.66%的外部量子效率。

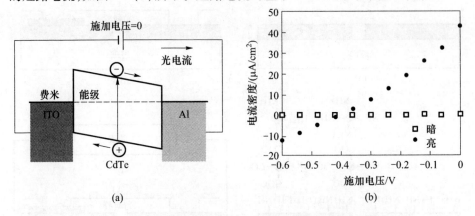

图 7.5 (a)短路状态下 CdTe QD 光电二极管的能带结构,
(b)电流密度随施加电压变化的测量结果

7.3 等离子增强 QD 光电探测器

在 7.2 节中,讨论了应用于光电探测的胶体 QD 处理工艺的多样性。在本节中,提出一个等离子增强 QD 光电探测器来进一步说明这一观点。等离子增强 QD 探测器的特色是将胶体的等离子粒子集成于胶体薄膜 – QD 光电探测器之中。本实例特别的吸引人之处在于,胶体金属纳米粒子(Nanoparticle,NP)和胶体 QD 薄膜的全基于湿法化学的集成技术,为未来可大规模生产的、低成本的、光吸收的光电器件提供了一个有希望的候选解决方案[19]。

7.3.1 器件设计与制造

器件结构基于 7.2.1 节中所描述的横向纳米级 QD 光电探测器。图 7.6 所示为该器件的 3D 俯视图和横截面的示意图。在 QD 层与玻璃衬底之间引入了一个 Ag 的 NP 层的作为等离子增强介质。由于这里采用的制造方法的特点是大范围均匀,而不是精确地控制单个粒子的位置,所以使用了 40μm 的宽隙电极,以确保测量结果代表大尺度的平均效果。

器件的制造开始于在玻璃衬底上用光学光刻形成梳状电极的图案,然后进行金属化和剥离处理。依照 7.2.2 节介绍的过程,对形成了电极图案的衬底用单层 APTES 进行硅烷化。在这之后,具有 80nm 的标称直径、在溶液中消光峰约为 480nm 的单层羧酸 AgNP 被自组装到衬底上。使用相对短的组装时间(10min)的高浓度胶体溶液(1mg/mL),对获得均匀分布的高密度的单层 AgNP

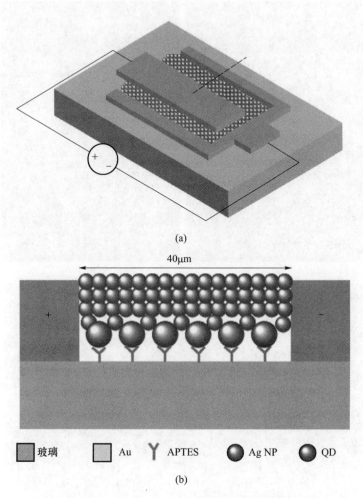

(a)

40μm

(b)

| ■ 玻璃 | ■ Au | Y APTES | ● Ag NP | ● QD |

图 7.6　等离子 QD 光电探测器的原理图

(a) 3D 俯视图；(b) 沿图(a)中虚线方向的横截面图。

来说至关重要。优化的配方在玻璃衬底上得到了 42 粒子/μm² 的平均密度。图
7.7(a)、(b)显示分别了 Ag NP 沉积之前和之后,带有图案化电极的衬底的暗场
显微镜图像。可以注意到,Ag NP 沉积之后衬底上玻璃部分的暗场散射从黑暗
变为紫色——一个 Ag NP 中独特的等离子体激元共振散射特征。自组装于玻
璃衬底上的 Ag NP 扫描电子显微镜(Scanning Electron Microscope, SEM)显微照
片示于图 7.7(c)。最后,依照与 7.2.1 节中所描述的相同方法,部分配体去除
的、具有 640nm 光致发光特性的 CdSe/ZnS QD 滴落涂布于衬底上。

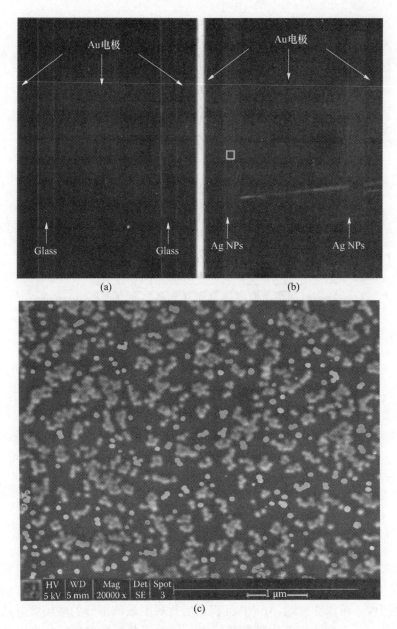

图 7.7 通过自组装工艺进行的等离子 Ag NP 沉积

(a)、(b) 经过电极图案化的衬底在 Ag NP 沉积之前和之后的暗场图像。在 Ag NP
沉积之后,在显微镜下玻璃衬底从黑色变为蓝/紫色(在黑白印刷中未示出);

(c) 玻璃衬底上 Ag NP 自组装的 SEM 显微照片(位置如图(b)中的符号所标示的)。

7.3.2　光谱特性与建模

等离子 NP、胶体 QD 和集成等离子 NP – 胶体 QD 复合物的光谱特性是器件设计和理解器件测量结果的关键因素。等离子体激元共振光谱位置对介电环境的变化非常敏感,因此在每个制造步骤之后都进行仔细的特征分析。

在等离子体激元增强的 QD 光电探测器件中,使用标称直径 80nm、溶液消光峰位置在约 480nm 处的 Ag NP 作为等离子增强介质。选择了相对较大尺寸的 Ag NP,是因为较小的金属 NP 中吸收过程会超越散射过程而占支配地位[20],这不是等离子体激元增强应用中所希望的。相比于溶液中在约 480nm 处的消光峰,考虑到环境折射率从水($n = 1.33$)到大多数气体($n = 1$)的变化,可以预期到散射共振会蓝移至约 415nm。这也与图 7.7(b)所示 Ag NP 沉积后的玻璃衬底的暗场图像中观察到的紫色是一致的(在黑白印刷中未示出)。

因为在 QD 滴落涂布后,Ag NP 嵌入在 QD 膜之中,所以很难直接测量它们的散射。在这种情况下,测量等离子 NP – QD 复合物的消光,然后与类似厚度(由表面光度仪测定)的 QD 薄膜的吸收对比。图 7.8 所示为吸收增强光谱,其被定义为等离子 NP – QD 复合层与单纯的 QD 层的消光比率。在约 720nm 波长处表现出了谐振,这表明 Ag NP 被夹在 QD 膜与玻璃衬底之间时发生的等离子激元共振。在约 650nm 的扭曲对应于器件中所使用的 CdSe/ZnS QD 吸收的下降。CdSe/ZnS QD 在约 650nm 的有一个光致发射峰,从 400 ~ 600nm 具有单调下降的吸收光谱,如图 7.9 所示。

在 QD 沉积之前和之后的器件结构中电磁场分布的数值仿真是通过 Lumerical 的 FDTD Solutions 解仿真软件包进行的。仿真结果如图 7.10 所示。可以清楚地看到,Ag NP 的等离子体激元共振(消光截面)在 CdSe QD 沉积之后从约 390nm 移位到了约 750nm,与实验光谱特征结果有很好的定性一致性(实验结果表明等离子激元共振在 QD 沉积前后分别位于 415nm 和 720nm)。由于从 Ag NP 中产生的近场和散射增强,QD 膜增强的吸收是器件的波长依赖响应度增强的起源,并且将在下节中证明的是,仿真出的 Ag NP 的散射横截面的趋势(图 7.10 中绘制的阴影区域内最淡的灰色实线)与实验测量到的器件响应度的增强确实是一致的。

7.3.3　结果

为了研究 Ag NP 如何影响 QD 光电探测器的性能,测量了不同波长照射下产生的光电流,并将结果与同一 QD 溶液处理的同一衬底上的但没有 Ag NP 集成的 QD 光电探测器进行了比较。值得一提的是,QD 沉积之前及 QD 沉积后都

157

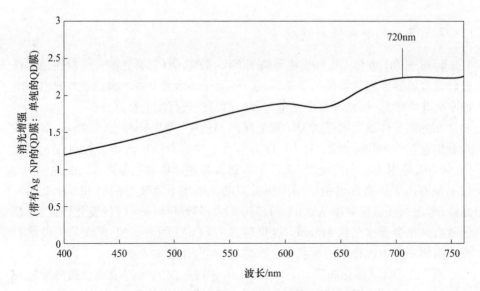

图 7.8　嵌入了 Ag NP 的 QD 薄膜的吸收增强光谱
（增强被定义为 Ag NP–QD 复合层相对于单纯的 QD 层的消光比）

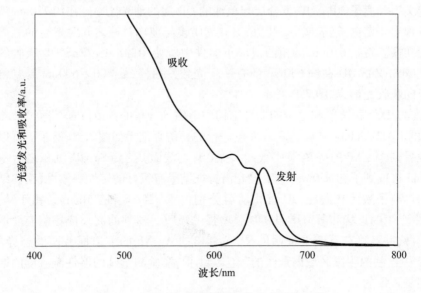

图 7.9　CdSe/ZnS QD 的光致发光和吸收光谱

对含有 Ag NP 与不含 Ag NP 的器件的暗电流进行了仔细比较。在这两种情况下没有测量到一致的差异，这表明在当前的粒子浓度水平下 Ag NP 没有造成明显的漏电流。

器件响应度是基于平均的光电流和入射到器件有源区中的光功率进行计算

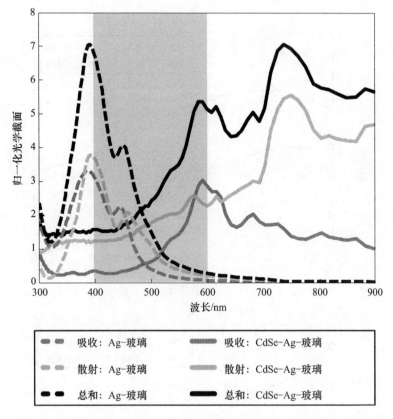

图7.10　在 CdSeQD 沉积之前（虚线）和之后（实线）玻璃衬底上的 80nm 直径的
Ag NP 的无量纲光学截面光谱,无量纲光学截面光谱由 Ag NP 的仿真光学截面
面积和几何横截面面积（即 πr^2 ）的比值来计算,阴影区域表示器件的光电
流测量所在的波长范围

（引自 L. Huang,C. C. Tu,and L. Y. Lin,Applied Physics Letters,98,113110,2011[19]．）

的。图7.11(a)、(b)分别显示了两个相似膜厚器件的响应度,一个有 Ag NP,一
个没有 Ag NP,光谱范围从 400～600nm。利用表面光度仪确定了整体膜厚,图
7.11(a)中两个器件被确定为约 440nm,图 7.11(b)中的两个器件被确定为约
100nm。显而易见的是,对于这两个薄膜厚度,含有 Ag NP 的器件的响应度在整
个测量的光谱范围内都比不含 Ag NP 的更高。

　　响应度增强,定义为含有 Ag NP 与不含 Ag NP 器件响应度的比值。对于厚
为 440nm 的 QD 薄膜器件响应度增强值是 1.2～1.6 倍,对于厚为 100nm 的 QD
器件增强值是 2.4～3.3 倍,如图 7.12 所示。可以注意到,响应度增强值随波长
的增加而增加,这一现象预计源于两个因素。首先,由薄膜吸收的测量(图 7.8)

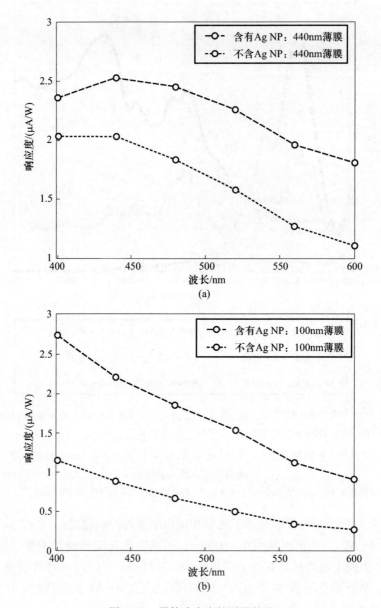

图 7.11　器件响应度的测量结果

（a）含有（虚线）和不含（点划线）Ag NP 的 440nm 膜厚的两个 QD 光电探测器的响应度；

（b）含有（虚线）和不含（点划线）Ag NP 的 100nm 膜厚的两个 QD 光电探测器的响应度

（器件偏置在 20V 进行的响应度测量）。

和仿真(图 7.10)结果所示,由于环境材料的介电常数的变化,在 QD 沉积之后,Ag NP 的等离子激元共振转移到了 700nm 以上的区域(精确的光谱位置是:实验值 720nm、理论值 750nm)。其结果是,所测光谱较长波长部分距离等离子激元共振位置更近,增强得更多。第二,QD 膜的波长依赖性吸收使得入射谱波长较长的部分更多地到达了等离子粒子,因此相对地增加了输入到等离子元的光中较长波长的部分。当测量了一组较薄 QD 薄膜器件的响应度增强时,QD 膜改变了等离子 NP 输入光谱的效果进一步得到证实。如图 7.12 所示,由于较薄 QD 膜可让更多的输入功率传送到等离子体粒子,100nm 的 QD 膜的响应度增强(黑色虚线)在整个频谱内都更高。

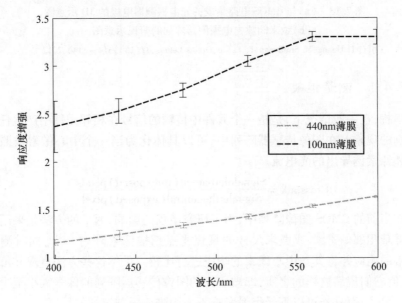

图 7.12　器件响应度增强的结果,对膜厚为 440nm(灰色虚线)和
100nm(黑色虚线)的器件进行了响应度增强

7.4　高密度量子点光电探测器阵列的串扰

在本节中,将着眼于纳米间隙 QD 光电探测器的一个尚未被广泛研究的潜在优势:它们具有制作超高分辨率成像和传感器阵列的前景。Hegg 等[17]通过对建模验证了一个纳米间隙电极的电场高度集中在间隙处,如图 7.13(a)所示,结果得到了一个超小的器件有源区。这表明,即使是超高密度阵列也可能实现低串扰。在这里,研究密集型 QD 探测器的串扰。

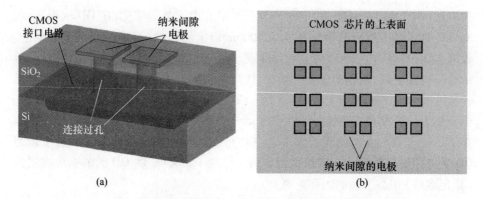

图 7.13　(a)与 CMOS 电路集成的光电探测器电极的 3D 示意图,
(b)纳米间隙光电探测器阵列的俯视示意图

(引自 L. Huang,M. Strathman,L. Y. Lin,Optics Letters,37(15),314 – 3146,2012[24])

7.4.1　测量框架

串扰,在一般情况下,是指一个元件中传输的信号在相邻元件中产生任何不良影响的现象。在图像传感器阵列中,可以具体化为当一个中心像素被照亮时在相邻像素诱导出的光电流。

$$\text{Crosstalk} = \frac{\text{Signal of adjacent (unexposed) pixels}}{\text{Signal of the central (exposed) pixel}} \tag{7.1}$$

在当前的 CMOS 图像阵列中,为了研究串扰的影响,通常的方法是采用诸如光学屏蔽相邻像素[21]或微米尺寸的聚焦光点扫描像素阵列[22,23],同时测量邻近像素的响应并将其与中心像素的响应进行比较。虽然这些方法直观并可直接执行,但它们依靠这样的事实,即被研究的图像传感器阵列的像素大小至少在几微米的尺寸,而且光可以不受衍射影响不太困难地限制这样的尺度。

在另一方面,QD 光电探测器提供了使像素尺寸远比最先进的 CMOS 图像传感器技术的小得多,小到接近或甚至超过光衍射极限的可能性。QD 光电探测器与 CMOS 图像阵列相比,具有大分辨率提升的潜力的原因之一是胶体 QD可以容易地集成到 CMOS 电路的顶部,如图 7.13 所示。常规的 CMOS 图像阵列的每个像素由分开的感光区域和控制/读出电路区域组成。与之相比,在一个QD 光电探测器 – CMOS 芯片集成单元中,由于感光元件和控制/读出电路元件是在结构的不同层,由通孔连接,所以每个像素仅消耗感光的面积。光敏区和控制/读出电路区域的分离才有显著提高分辨率的潜力。

因为当像素大小接近入射光的波长时,传统的方法不再适用,所以开发了一种新的方法来评估高密度 QD 纳米间隙阵列中串扰效应。不再将光照限制到单个像素,而是将入射光均匀地照射整个传感器阵列。如图 7.14 所示,监测一个一直处于激活状态的器件的光电流,同时在测量过程中对相邻器件接通和断开。为简单起见,下面将这两个器件分别称作"器件 1"和"器件 2"。然后串扰效应就可以通过器件 2 在 ON 和 OFF 状态之间转换引起的器件 1 中光电流的变化量进行评价,如式(7.2)中所示:

$$\text{Crosstalk} = \frac{\left| \text{Signal}(1\text{stdevice})_{2\text{nddeviceON}} - \text{Signal}(1\text{stdevice})_{2\text{nddeviceOFF}} \right|}{\text{Signal}(1\text{stdevice})_{2\text{nddeviceOFF}}} \quad (7.2)$$

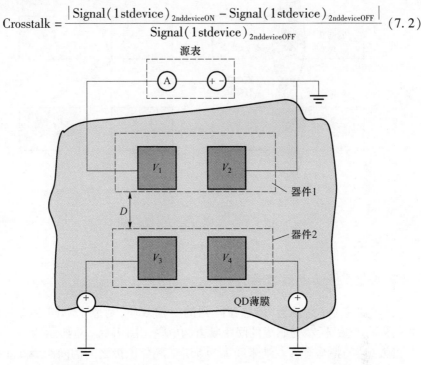

图 7.14　光电探测器分辨率测量的实验方案,全场覆盖有 QD,并通过 405nm 激光照射

(引自 L. Huang,M. Strathman,L. Y. Lin,Optics Letters,37(15),314 – 3146,2012[24].)

　　所提出的方案可以测量两种类型的串扰:光学串扰和电子学串扰。光学串扰发生于两个激活的器件放置得足够近,使得器件的有源区能够相互重叠的时候,如图 7.15(a)所示。光学串扰表现为当器件 2 为 ON 时器件 1 的光电流相比于器件 2 为 OFF 时的降低,这是由于器件 2 的激活将从重叠的有源区中抽走光电流。另一方面,电子学串扰产生于在对器件 2 进行 ON 和 OFF 间切换时,由于不同的电极偏置分配所改变的电流路径。这种影响如图 7.15(b)所示。这里比较了两种偏压配置下到电极 1(E1)的电子路径(注意,源表只读取由 E1 收集的电荷)。第一种偏压配置是(V_1, V_2, V_3, V_4) = (5V,0V,5V,5V)(顺序记为(5055),并在图 7.15(b)中标记为黑色箭头),第二种偏压配置为(5050)(在图

163

7.15(b)中标记为灰色箭头)。很明显,对应于器件2接通的配置(5050)会引入一个从E4到E1的附加电子路径。它导致当器件2为ON时器件1的光电流相比于当器件2为OFF时更高。值得注意的是,当适当地选择偏压配置(如在图7.15中给出的例子)时,光学串扰和电子学串扰可以具有相反的符号。

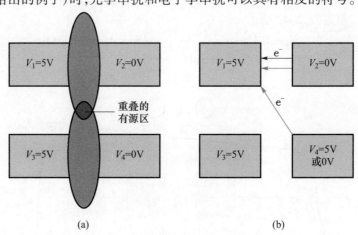

(a)   (b)

图 7.15　不同机制的串扰示意图
（a）光学串扰；（b）电子学串扰。

7.4.2　平面电极器件

为了研究 QD 探测器/传感器阵列的串扰效应,制造了不同距离的平面器件。图 7.16(a)所示为制成的间距紧密的电极。图 7.16(b)所示为器件中央纳米间隙区域的特写图像。纳米间隙为 55nm,相邻电极之间的间距为 212nm。依照 7.2.1 节所描述的方法,将 QD 沉积到 SiO$_2$/Si 衬底上。图 7.17 所示为滴落涂布和热退火步骤,均匀的 QD 薄膜所覆盖的电极。

首先研究了在不同偏压配置下的光电流特性,结果总结在图 7.18 之中。在 (5,0,0,0)和(5,0,0,5)配置下的光电流高于(5,0,5,5)和(5,0,5,0)配置下的光电流数倍,这表明从 E3 到 E1 的漏电流是 E3 偏置为低电平(0V)时读取到的光电流的主要贡献。这是可以理解的,因为虽然 E3 和 E1 间的电荷隧穿距离大于 E2 和 E1 间,但是电荷产生截面大得多,从而导致了大的漏电流。这一发现还表明,在高密度 QD 光电探测器阵列中,偏置空闲器件到 HIGH 来减轻漏电流是优选的做法。

为了消除 E3 和 E1 之间的漏电流,在下面的测试中将器件 2 的 OFF 状态偏置在(V_3,V_4) = (5,5),ON 状态偏置在(V_3,V_4) = (5,0)。图 7.19 所示为器件 1 在不同偏压配置下响应的时间序列。结果见表 7.1,测量到光电流变化平均值

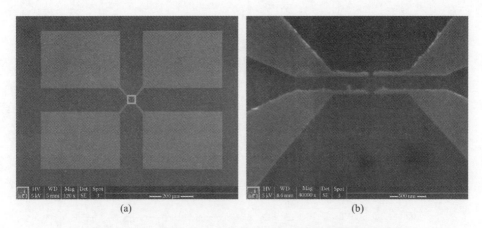

(a)   (b)

图 7.16　两个间距 212nm 的器件通过电子束图案化电极的定位

（a）低倍率 SEM 图像,比例尺为 200μm;（b）中央纳米间隙区的特写 SEM 图像,比例条为 500nm。

（引自 L. Huang, M. Strathman, L. Y. Lin, Optics Letters, 37(15), 314 – 3146, 2012[24].）

图 7.17　图 7.16 中的同一个电极,在 QD 沉积之后的图像

（引自 L. Huang, M. Strathman, L. Y. Lin, Optics Letters, 37(15), 314 – 3146, 2012[24].）

为 25.8% 。需要注意,器件 2 接通时光电流更高,这表明 E1 和 E4 之间加成的光电流(即电子学串扰)相比于重叠的光学有源区(即光学串扰)是更为显著的来源。

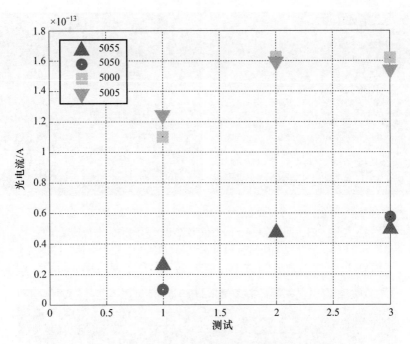

图 7.18　器件 1 在各种偏压配置下的输出光电流

表 7.1　图 7.19 中器件的光电流和串扰测试结果[60]

测试循环	5055 偏压下的光电流/A	5050 偏压下的光电流/A	串扰
1	$1.01 \times 10^{-13} \pm 0.06 \times 10^{-13}$	$1.33 \times 10^{-13} \pm 0.11 \times 10^{-13}$	$(32.4 \pm 12.5)\%$
2	$1.18 \times 10^{-13} \pm 0.12 \times 10^{-13}$	$1.4 \times 10^{-13} \pm 0.07 \times 10^{-13}$	$(19.3 \pm 12.6)\%$
来源:L. Huang,M. Strathman,L. Y. Lin,Optics Letters,37(15),314 - 3146,2012[24]			

在上述紧密间距的 QD 光电探测器设计中,这两个器件的电极是平行的,并且为了探测方便做了单向延长(图 7.16(b))。因为细长电极之间(器件工作时的高场强区域)有大量的 QD,所以这个长的平行电极结构在实验中是一个显著的漏电流和串扰源。在 CMOS 工艺制造的成像/感测器件的未来应用中,有望将QD 探测器与底部的 CMOS 电路通过通孔相集成,如图 7.13(a)所示。顶层更小的电极面积(图 7.13(b))将从本质上最小化上述问题。

7.4.3　掩膜平面电极器件

为了获得更接近如图 7.13 所示的集成到 CMOS 芯片上的 QD 光电探测器/传感器的串扰估计,修改了电极结构。与 CMOS 电路集成的 QD 光电探测器/传

166

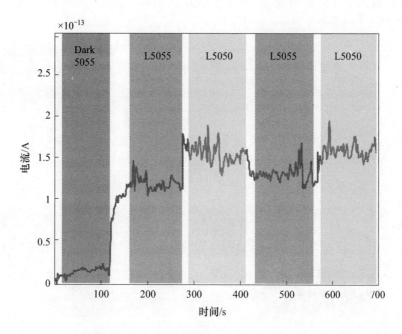

图 7.19　器件 1 各种偏压配置下的输出光电流。作为一个标签示例，"L5055"代表了被
照器件的偏压配置$(V_1, V_2, V_3, V_4) = (5V, 0V, 5V, 5V), D = 212nm$

（引自 L. Huang, M. Strathman, L. Y. Lin, Optics Letters, 37(15), 314 − 3146, 2012[24]. ）

感器阵列的一个主要特点是顶层电极的小面积。这是可能的，因为在 CMOS 工
艺可以金属和电介质的多层结构，并且信号可以通过与顶部电极通过通孔连接
的底层金属连线读出。虽然我们没有容易获得的多金属层制造能力，但是设计
了一个掩膜的平面电极布局，在单个金属层上实现了纳米级电极和毫米级读出
焊盘。图 7.20 所示为掩膜平面电极器件的制造过程。类似于普通平面器件，制
造过程开始于在 $1\mu m$ 的 SiO_2/Si 晶片上进行电极的电子束图案化，接着是金属
化和剥离，如图 7.20(a)、(b)所示。在这之后，替代直接沉积 QD 步骤的是，通
过等离子体增强的化学气相沉积一层 400nm 厚的 Si_3N_4 层，如图 7.20(c)所示。
再接下来，利用第二次电子束光刻进行一个中央窗口区域和四个焊盘区域的图
案化。在图案显影后，以 PMMA 作为掩膜进行反应离子刻蚀来刻蚀暴露的
Si_3N_4 区域。图 7.20(d)、(e)分别示出了所得 Si_3N_4 - 掩膜的平面电极结构的
3D 和顶视图。中央窗口定义了电极的区域，而四个焊盘区提供了器件的探测接
入点。在此之后，将用同样的方法将制备的 QD 滴落涂布到晶片上，如图 7.20
(f)所示。通过采用这一制造过程，仅使用单一金属层就成功创建了和未来

CMOS 集成光电探测器电极尺寸相似的光电探测器电极。不同步骤的电极 SEM 图像如图 7.21 所示。

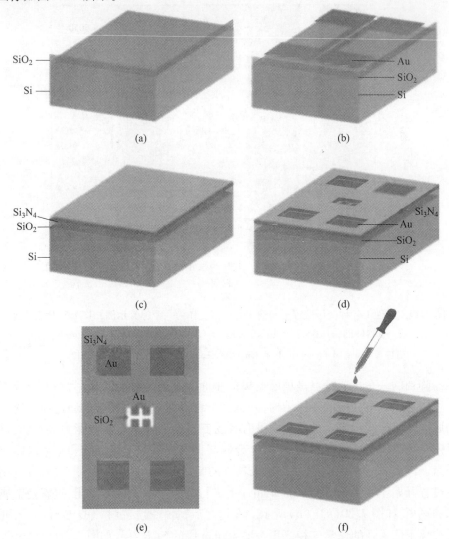

图 7.20　Si_3N_4 - 掩膜的平面电极器件的制作工艺

　　图 7.22 所示为两器件间距为 200nm 时, 器件 1 在不同偏压配置下响应的时间序列。由于电极周围 QD 的量远低于普通平面电极器件阵列的情况, 所以施加了更高的 20V 电压作为 HIGH 来收集可测量电流。与之前的普通平面电极器件的结果比较可以发现, 在 (5000) 的电流 (注意 E3 偏置为 LOW) 与 (5055) 和 (5050) 的电流是相当的, 而不再是高于其几倍。这证实了平面电极设计确实可

168

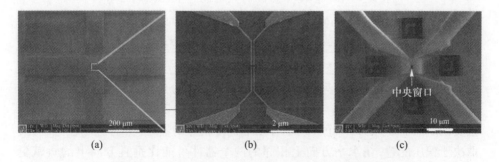

图 7.21 在 QD 沉积之前的不同步骤的电极 SEM 图像

（a）电极的整体图像；（b）在图 7.20（b）所示的步骤中，中心电极区域的特写图像；
（c）在图 7.20（d），（e）所示的步骤中，中心电极区域的特写图像（箭头指出了中心
窗口区域。注意，在（b）和（c）中放大率是不同的）。

以显著减少电子学串扰。E3 偏置为 HIGH 的串扰结果见表 7.2，测量到的光电流平均变化为 8.4%。可以注意到，这一值如所预期地显著低于普通平面电极器件的串扰（25.8%）。

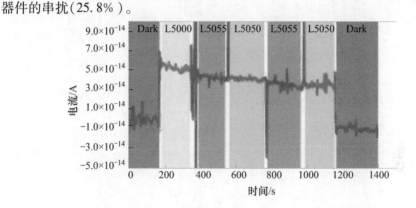

图 7.22 在不同偏压配置下器件 1 输出的光电流，"5"代表 20V，例如，"L5055"代表受光照器件的偏压配置 $(V_1, V_2, V_3, V_4) = (20V, 0V, 20V, 20V)$，$D = 200\text{nm}$

从串扰测量中，也能获得对纳米间隙 QD 光电探测器的有源器件区域的进一步理解。根据电场分布的有限元仿真结果推断，单个器件的有源区被限制在纳米间隙区域[17]。然而串扰测量表明，器件会以一个更大的区域吸收电流，尽管确切的区域大小在当前的测量中没有确定。这是因为虽然电极其他部分的电场比纳米间隙处低两个数量级以上，但是其电流生成截面要大得多。此外，当 QD 光电探测器器件被制作成阵列，器件有源区还会受到电极、器件布局，以及偏压配置的额外影响。

表7.2　图7.22中器件的光电流和串扰测试结果

测试循环	5055偏压下的光电流/A	5050偏压下的光电流/A	串扰
1	$4.19 \times 10^{-14} \pm 0.27 \times 10^{-14}$	$4.05 \times 10^{-14} \pm 0.27 \times 10^{-14}$	$(3.52 \pm 8.97)\%$
2	$4.60 \times 10^{-14} \pm 0.24 \times 10^{-14}$	$5.21 \times 10^{-14} \pm 0.22 \times 10^{-14}$	$(13.30 \pm 7.66)\%$

对QD光电探测器阵列相比现有技术所能实现分辨率或密度提升的评估是我们所感兴趣的。8.4%（$<e^{-2}$）的平均串扰意味着200nm的器件间距是很可接受的。然而,考虑到一个阵列中有四个直接相邻的器件(并且应当注意的是,取决于偏压配置,在水平方向上相邻的两个器件可能比垂直方向上的贡献更多),我们假设QD阵列具有以下参数(图7.23):$W = G = 100\text{nm}$, $P_x = 500\text{nm}$, $P_y = L = 400\text{nm}$,给出的像素尺寸为800nm × 800nm。相比于最先进的1.75μm间距CMOS成像器件,分辨率或密度的提升达4.8倍! 实际的提升可能会或多或少取决于上述阵列效应,但分辨率革命性提升的潜力是显而易见的。

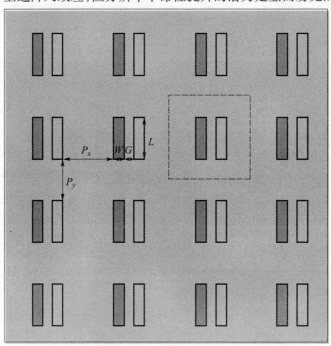

图7.23　QD纳米级光电探测器阵列的电极俯视图

综上所述,在本章中回顾了在基于胶体QD光电探测器方面所做的工作。工作涵盖了单个器件到器件集成,再到光电探测器传感器阵列。在这些不同级别,QD光电探测器展示了其基于溶液的制造和集成的通用性,并证明了其相对于传统的块材半导体技术能将器件/系统进一步小型化的优点。

170

参 考 文 献

1. S. G. Johnson, P. R. Villeneuve, S. Fan, and J. D. Joannopoulos, "Linear waveguides in photonic-crystal slabs," *Phys. Rev. B,* 62, 8212–8222, 2000.

2. W. Bogaerts, R. Baets, P. Dumon, V. Wiaux, S. Beckx, D. Taillaert, B. Luyssaert, J. Van Campenhout, P. Bienstman, and D. Van Thourhout, "Nanophotonic waveguides in silicon-on-insulator fabricated with CMOS technology," *J. Lightwave Technol.,* 23, 401–412, 2005.

3. C. J. Wang, L. Huang, B. A. Parviz, and L. Y. Lin, "Sub-diffraction photon guidance by quantum dot cascades," *Nano Letters,* 6(11), 2549–2553, 2006.

4. C. J. Wang, B. A. Parviz, and L. Y. Lin, "Two-dimensional array self-assembled quantum dot sub-diffraction waveguides with low loss and low crosstalk," *Nanotechnology,* 19(23), 295201, 2008.

5. J. M. Luther, M. Law, M. C. Beard, Q. Song, M. O. Reese, R. J. Ellingson, and A. J. Nozik, "Schottky solar cells based on colloidal nanocrystals films," *Nano Letters,* 8(10), 3488–3492, 2008.

6. D. A. R. Barkhouse, A. G. Pattantyus-Abraham, L. Levina, and E. H. Sargent, "Thiols passivate recombination centers in colloidal quantum dots leading to enhanced photovoltaic device efficiency," *ACS Nano,* 2(11), 2356–2362, 2008.

7. X. Wang, G. I. Koleilat, J. Tang, H. Liu, I. J. Kramer, R. Debnath, L. Brzozowski, D. A. R. Barkhouse, L. Levina, S. Hoogland, and E. H. Sargent, "Tandem colloidal quantum dot solar cells employing a graded recombination layer," *Nature Photonics,* 5, 480–484, 2011.

8. C. C. Tu, L. Tang, J. Huang, A. Voutsas, and L. Y. Lin, "Visible electroluminescence from hybrid colloidal silicon quantum dot-organic light-emitting diodes," *Applied Physics Letters,* 98, 213102, 2011.

9. M. Naruse, T. Miyazaki, T. Kawazoe, S. Sangu, K. Kobayashi, F. Kubota, and M. Ohtsu, "Nanophotonic computing based on optical near-field interactions between quantum dots," *IEICE Transactions on Electronics,* E88C(9), 1817–1823, 2005.

10. L. Y. Lin, C. J. Wang, M. C. Hegg, and L. Huang, "Quantum dot nanophotonics—From waveguiding to integration," *Journal of Nanophotonics,* 3(1), 031603, 2009.

11. G. Konstantatos, and E. H. Sargent, "Nanostructured materials for photon detection," *Nature Nanotechnology,* 5, 391–400, 2010.

12. D. C. Oertel, M. G. Bawendi, A. C. Arango, and V. Bulović, "Photodetectors based on treated CdSe quantum-dot films," *Applied Physics Letters,* 87, 213505, 2005.

13. G. Konstantatos, I. Howard, A. Fischer, S. Hoogland, J. Clifford, E. Klem, L. Levina, and E. H. Sargent, "Ultrasensitive solution-cast quantum dot photodetectors," *Nature,* 442, 180–183, 2006.

14. C.-C. Tu, and L. Y. Lin, "Thin film photodiodes fabricated by electrostatic self-assembly of aqueous colloidal quantum dots," *Thin Solid Films,* 519(2), 857–862, 2010.

15. G. Konstantatos, L. Levina, J. Tang, and E. H. Sargent, "Sensitive solution-processed Bi_2S_3 nanocrystalline photodetectors," *Nano Letters,* 8(11), 4002–4006, 2008.

16. J. P. Clifford, G. Konstantatos, K. W. Johnston, S. Hoogland, L. Levina, and E. H. Sargent, "Fast, sensitive and spectrally tuneable colloidal-quantum-dot photodetectors," *Nature Nanotechnology,* 4, 40–44, 2009.

17. M. C. Hegg, M. P. Horning, T. Baehr-Jones, M. Hochberg, and L. Y. Lin, "Nanogap quantum dot photodetectors with high sensitivity and bandwidth," *Applied Physics Letters,* 96, 101118, 2010.

18. V. J. Porter, S. Geyer, E. Halpert, M. Kastner, and M. Bawendi, "Photoconduction in annealed and chemically treated CdSe/ZnS inorganic nanocrystal films," *Journal of Physical Chemistry C*, 112, 2308–2316, 2008.

19. L. Huang, C. C. Tu, and L. Y. Lin, "Colloidal quantum dot photodetectors enhanced by self-assembled plasmonic nanoparticles," *Applied Physics Letters*, 98, 113110, 2011.

20. P. K. Jain, K. S. Lee, I. H. El-Sayed, and M. A. El-Sayed, "Calculated absorption and scattering properties of gold nanoparticles of different size, shape, and composition: Applications in biological imaging and biomedicine," *Journal of Physical Chemistry B*, 110(14), 7238–7248, 2006.

21. C.-C. Wang, and C. G. Sodini, "A crosstalk study on CMOS active pixel sensor arrays for color imager applications," http://www.imagesensors.org/Past%20Workshops/2001%20Workshop/2001%20Papers/pg%20068%20CWang.pdf.

22. G. Agranov, V. Berezin, and R. H. Tsai, "Crosstalk and microlens study in a color CMOS image sensor," *IEEE Transactions on Electron Devices*, 50(1), 4–11, 2003.

23. T. J. Martin, M. J. Cohen, J. C. Dries, and M. J. Lange, "InGaAs/InP focal plane arrays for visible light imaging," http://lib.semi.ac.cn:8080/tsh/dzzy/wsqk/SPIE/vol5406/5406-38.pdf.

24. L. Huang, M. Strathman, and L. Y. Lin, "Exploring spatial resolution in high-sensitivity nanogap quantum dot photodetectors," *Optics Letters*, 37(15), 314–316, 2012.

第8章 半导体卷曲管光腔

Pablo Bianucci，M. Hadi Tavakoli Dastjerdi，Mehrdad Djavid，Zetian Mi

8.1 引　言

　　光学微腔是可以将光限制在微观尺度的结构。由于腔内光学态密度的强烈受限，在离散的波长上形成了谐振峰。相应的光腔谐振模式与自由空间中相同的电磁场相比，能够显著增强[1]。因此，在这些光腔中受到强烈限制的光子与物质之间的相互作用会急剧变化。这些变化会表现为从弱耦合状态下的自发发射寿命减弱（称为 Purcell 效应）[2,3]到表征着谐振腔内电磁场和量子系统间的强耦合状态的 Rabi 分裂现象的出现[4]。这些效应的大小取决于腔模的光学限制强度及其空间范围。有多种原因表明，对于微腔来说半导体材料是颇具吸引力的。半导体的高折射率使得设计具有强烈光限制的紧凑型微腔成为可能。此外，高效率的量子发射体，如量子点、线和阱可以通过现代外延生长技术，包括分子束外延（Molecular Beam Epitaxy，MBE）[5]、化学束外延（Chemical Beam Epitaxy，CBE）[6]和金属有机化学气相沉积（Metalorganic Chemical Vapor Phase Deposition，MOCVD）[7]进行生长和工艺化控制。

　　而且，半导体提供了电注入载流子到器件中的可能性[8]，这是对于实用化纳米光电子器件制造来说的一个非常理想的属性。在这样的背景下，各种微腔的设计得到了深入研究，比如微盘[9]、微环[10]、微柱[11]，以及光子晶体[12]。在盘形和柱形中，平面内限制由半导体的高折射率所引起的全内反射获得，而在光子晶体中此限制是二维周期性晶格中布拉格反射的产物。微柱利用一维布拉格反射器形成一个法布里－珀罗腔将光限制在垂直方向。微盘和光子晶体中的垂直限制还是由谐振器材料和周围介质间的陡峭折射率差所引起的全内反射来提供的。最近，甚至开发出了更小的腔结构，比如纳米针[13]和纳米等离子体激元[14]腔。

　　另一个最近的半导体光学微腔"常备节目"中的附加单元就是卷曲微管[15]。由于从主衬底中释放的应力，这些管腔由应变纳米薄膜的自发卷曲形成。在各种允许薄膜应变的产生和随后的选择性释放的材料系统上，都可以制造这种卷曲微管。结合自顶向下和自底向上两种制造工艺的优势，卷曲管腔提供了前所未有的对受限光学模式[16,17]和发射特性[18,19]的控制。这些特性，再结合上它们被转移到异质衬底上的可能性[20]，使得它们异于之前讨论的其他微腔。就此而言，半导体卷曲管已显现出成为光通信、生物传感和微/纳流控应用中最佳候选器件的希望。概念展示性的验证实验，如光泵浦激光器[21,22]和光流体传感器[23]都已见报道。

在本章中，将在 8.2 节首先讨论卷曲半导体管光腔的制造，特别聚焦于 GaAs 和 InP 基管结构的制造。之后在 8.3 节是对将微管转移到硅和其他异质衬底的方法的简短讨论。在 8.4 节中，将详细说明它们的光学性质，包括建模和实验结果。最新的卷曲微管激光器研究成果将在 8.5 节讨论。也将在 8.6 节简要讨论一些卷曲半导体管的新兴应用。最后，在 8.7 节进行总结。

8.2　半导体卷曲管的制造

目前，半导体卷曲管已被使用各种材料进行了演示验证，例如 InGaAs/GaAs[21]、InGaAsP[24]、SiO_x/Si[25]、SiGe[26]和 AlN/GaN[27]。管的直径可以在几百纳米到几十微米间变化。此外，卷曲管可以由金属和聚合物[28,29]制造。在下面，首先描述了半导体管的制造和形成机理，然后简要综述了卷曲的金属和聚合物管的结构。

在 2000 年，由 Prinz 和合作者首先在 GaAs/InGaAs 系统中发现[30]，基于纳米薄膜的应力释放形成了卷曲微管。虽然将集中在这个系统上来展示制造过程，但原则上同样的方法也适用于任何其他可以在其中形成应变纳米薄膜的系统。图 8.1 所示为 InAs/GaAs 膜和相应的管形成过程的示意图。GaAs 具有比 InAs 更小晶格常数。其结果是，当 GaAs 层在 InAs 的顶部假型沉积后会有拉伸应变。当薄膜从衬底上释放时，由于薄膜中的应力释放，就形成了卷曲管。因此，卷曲管的曲率可以通过调整双层内置的应变及其各自组成膜的厚度进行控制。使用连续介质力学模型[31]，可以利用下式预测所得到的微管直径：

$$D = \frac{1}{3} \ \frac{1}{\varepsilon} \ \frac{(d_1 + d_2)^3}{d_1 d_2} \tag{8.1}$$

式中：ε 为平面内应力；d_1 和 d_2 为各层的厚度。

虽然直径小至数十纳米的管已被演示验证[32]，但在一般情况下，考虑到准备在光学中应用的管可具有数微米量级的直径。由于这种晶体中杨氏模量的异向性，在该系统中管的卷制一般沿着(100)晶向[33]。不但管的直径可以加以控制，而且其最终的表面几何形状也可控。这可以通过图案化纳米薄膜来实

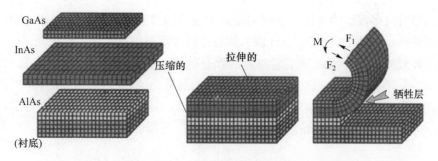

图 8.1 应变 InAs/GaAs 双层薄膜的卷曲机制示意图

(引自 Li,X.,J. Phys. D;Appl. Phys.,vol. 41,p. 193001,2008. 已获授权)

现[34,35]。例如,当采用高长宽比矩形进行图案化时,膜将沿其短边卷曲。而对于具有较低的长宽比的矩形,卷曲优先沿着长边产生[34]。此外,起始卷曲边缘和所得几何形状可通过外部手段来改变,比如用光刻胶钉住薄膜[24]。

半导体管的制造结合了自上而下和自下而上两种方法。从应变纳米薄膜开始,标准的光刻自上而下工艺流程被用来限定卷曲处理的开始边缘。在晶体材料中为了控制卷曲的形成,相关的台面需要具有适当的晶体取向(例如,沿着前述晶体半导体 III–V 族系统中的(100)轴[34])。为了实现无支撑管腔,通常使用如图 8.2(a)所示的 U 形台面。在这个方案中,无支撑管的厚度以及与衬底的垂直间隔都可以完全由台面的形状来控制。利用牺牲刻蚀工艺,管子将会(以一种自底向上的方式)自组装。在 InGaAs/GaAs 纳米薄膜的情况下,通常包含一个 AlAs 层被用作牺牲层[17,35]。牺牲刻蚀工艺将刻蚀掉这一特定的层,并释放应变的 InGaAs/GaAs 薄膜。在其他材料系统中,如 InP/InGaAsP[24],可以采用优良的选择性刻蚀剂,使得衬底层可以发挥牺牲层的作用。图 8.2(b)、(c)展示了在 U 形台面的刻蚀后所得到的微管。可以领会到,垂直于卷曲方向的台面边缘("卷曲边缘")将导致微管壁的厚度产生台阶。这在卷曲半导体管腔的发射特性方面能发挥重要作用,在后续各节中会有描述。

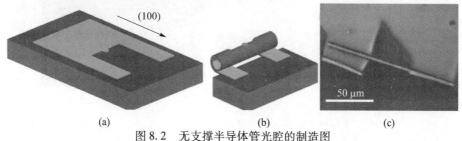

图 8.2 无支撑半导体管光腔的制造图

(a)光刻限定的 U 形台面;(b)对 U 形台面的牺牲刻蚀和
释放形成了卷曲管;(c)一个 InGaAsP 卷曲管的光学显微图像。

还有许多报道中采用了介质和金属薄膜来制造卷曲管结构。例如,已有验证实验展示了基于应变 SiO$_x$/Si 膜的管在近红外范围内产生了光致发光[25]。使用沉积或静电聚合物纺丝工艺制造的聚合物管也有报道[29,36,37]。单金属和双金属(Au、Ti)管也通过自卷曲聚合物模板被制造出来[38]。组合不同种类材料的混合卷曲管,如 InGaAs/GaAs/Au[39] 和 InGaAs/GaAs/Nb[40] 的金属化管,以及 InGaAs/GaAs/聚合物的混合有机 – 半导体管[41]也都已有相关报道。

8.3　卷曲管结构的转移

为了发挥成熟的互补金属氧化物(CMOS)硅半导体的技术优势,并同时享有 III – V 族半导体的如直接带隙和高载流子迁移率等优秀特性,就有必要使用适当的技术来转移有源 III – V 器件到硅衬底之上。虽然已经发展出了如晶圆接合[42,43]和干法印刷[44 – 46]等特殊技术,但是无法将它们用于卷曲微管,因为它们往往在转移过程中将微管破坏。在这方面,某些方法已被证明可有效地转移微管。在最近报道的衬底叠衬底(Substrate – on – Substrate)转移工艺中[47],具有无支撑 InGaAs/GaAs 管的主衬底(GaAs 晶片),在溶剂的存在下被压在了硅晶片的顶部。通过除去 GaAs 衬底,由于管结构周围的溶剂产生的引力,管倾向于留在 Si 衬底上。由于表面张力作用,管随后附着到 Si 衬底上。作为另一种选择,卷曲管结构也可以通过首先将其分散到溶液中,然后滴落涂布到衬底上的方法转移到异质衬底之上[32]。一种独特的锥形光纤辅助转移工艺也被开发出来,以实现对转移过程的精确控制[20]。在这一方法中,突变的锥形光纤插入管结构的一端或两端,被用作手柄将管从主衬底上拾起。转移工艺示意图如图 8.3 所示。接下来,管可以被精确定位地转移到一个异质衬底之上,相对于其他转移过

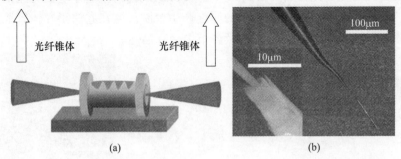

图 8.3　(a)使用尖锐锥形光纤转移方法的示意图;(b)在一个尖锐光纤锥尖上的半导体管的光学显微图像。插图:玻璃纤维和管之间衔接处的扫描电子显微镜图像。
(Tian, Z., et al., IEEE Photon. Technol. Lett., vol. 22, p. 311, 2010. 已获授权)

程来说。使用这种转移技术,卷曲光学管腔与绝缘体上硅波导的直接集成已得到验证[48]。

8.4　光　学　特　性

在形成卷曲半导体管的同时,光学性质的改善也已被普遍观察到,比如嵌入在管结构中的量子阱或点的光致发光强度增强现象[49-51]。光致发光发射与腔谐振模式之间的耦合能导致这些腔产生规律性间隔的发射峰。卷曲管腔之内的光学模式与方位向、轴向和径向的限制直接相关[17,52]。因此,发射特性可以通过控制管的直径、表面几何形状,以及壁厚来改变。相比于如微环[10]、微盘[9],以及微球[53]等具有圆形横截面的常规光腔,卷曲管的管腔由于内外凹口的存在,呈现出螺旋对称性,如图 8.4 所示,从而能打破光学模式在顺时针和逆时针方向传播的简并特性[19]。此外,光子大部分从内缺口处散出,从而形成了具有定向发射特性的光学微腔[18]。还已观察到,具有较薄管壁的卷曲半导体管只能支持横电(Transverse Electric, TE)模式,具有沿着管表面偏振的电场[52]。

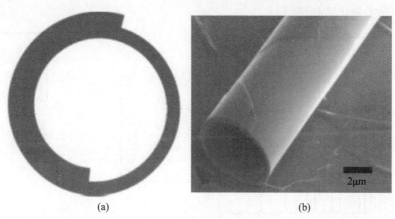

图 8.4　(a)卷曲管的螺旋几何形状的示意图,展示了内外凹口的存在,
(b)InGaAs/GaAs 管横截面的扫描电子显微镜图像。

(引自 Li,F.,Mi,Z.,Opt. Express,vol. 17,p. 19933,2009. 已获授权)

8.4.1　卷曲管腔的电磁建模

可以对卷曲管腔的发射特性进行建模,以便更好地理解它们的光学性质。最常用的技术是时域有限差分(Finite-Difference Time-Domain, FDTD)方法[54]以及一个简化的平面介质波导模型[16,19,21],下面会进行详述。

8.4.1.1　时域有限差分(FDTD)分析

全矢量数值仿真可应用于光学谐振器,来计算谐振模式的频率和场分布[55]。FDTD 因其简单和易用性,是用于此目的的最流行的方法之一。它是研究包括光腔仿真在内的电磁问题的精确方法[56]。在此项研究中,已经将计算卷曲管横截面光谱和场的仿真限制在二维。虽然由于模型只考虑了平面内的波矢量(即 $k_z = 0$),这种简化方法不能得到模式的轴向表现,但是可以对卷曲形状的其他特征进行分析。例如,可以识别出方位向模式及其相应的模式序号。

基于 FDTD 在一个管腔上计算的例子如图 8.5 所示。图 8.5(a)所示的模式的光谱是利用宽带偶极子源计算出来的。在感兴趣波长(本例中在 1425nm 附近)选择一个最强模式,并利用该波长的窄带偶极子源来激发它。在模式建立之后,截取一个电场强度的快照,如图 8.5(b)所示。由于 FDTD 仿真计算了模式的全部场,所以能用它来研究的许多特性。例如,可以分析发射的方向性。重新缩放计算出的场,可以看到(在图 8.5(b)的插图中示出)发射优先发生于管内侧的卷曲边缘,而不是像理想的环形谐振腔那样是各向同性的[18,19]。FDTD 计算也很好地表明了光被限制在了微管管壁中,并可以通过计算 Q – 因子来进一步量化这种限制。

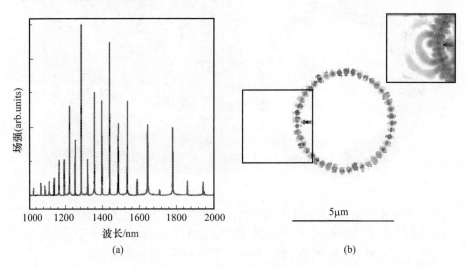

(a)　　　　　　　　　　　　　　(b)

图 8.5　(a)使用二维有限差分时域算法计算得到的管腔谐振模式分布,(b)计算出的电场分布,采用线性色阶绘图突出了电场限制(黑色箭头标记了内侧卷曲边缘的位置,插图:方形标记区域中的详情,修改了亮度比例来突出方向性的发射图案)

8.4.1.2　等效平面波导模型

使用等效平面波导模型对管腔的全部光学行为建模是可行的[16,17]。这一

178

三维模型需要的资源比全矢量仿真少得多。在此模型中的管腔首先被"展开"，然后推导出所得到的平面波导中的场。随后通过施加周期性边界条件，获得方位向、轴向和径向模式的谐振波长。图 8.6 中展示了所得到的模型，其中管腔被转换成了波导，在其厚度方向上有一个台阶。图 8.6 中示出的是一个抛物面状的表面波纹。这一表面几何结构起着在轴向限制光的关键作用。在展开波导中有两个易分辨的部分，包括一个长度为 L_{thin} 的薄的部分和一个长度为 L_{thick} 的厚的部分，其厚度差等于源纳米薄膜的厚度。这些长度符合公式：$L_{thin} + L_{thick} = 2\pi R$（其中，$R$ 为微管半径）。为了简化计算过程，采用了广为人知的平板波导求解方法[57]来获得波导的"薄区"和"厚区"所对应的有效折射率沿谐振腔长轴（z 轴）的变化（分别为 $n_{thin}(z)$ 和 $n_{thick}(z)$）。为了进一步简化计算，波导被认为具有有效折射率为 $n_{avg}(z) = [L_{thin}n_{thin}(z) + L_{thick}n_{thick}(z)]/2\pi R$ 的平均厚度。如果管壁较厚，等效波导可以支持多于一个的模式。这些模式对应于卷曲管腔不同的径向模式。对于薄的壁管，则波导可能仅支持电场平行于管腔表面的基本 TE 模式[35]。在这种情况下，谐振模式可以通过求解标量 Helmholtz 方程导出[58]：

$$\frac{1}{n_{avg}^2(z)}\left(\frac{\mathrm{d}^2E(l,z)}{\mathrm{d}z^2} + \frac{\mathrm{d}^2E(l,z)}{\mathrm{d}l^2}\right) = k^2E(l,z) \qquad (8.2)$$

式中：$E(l,z)$ 为电场；$k = 2\pi/\lambda_0$，为真空波矢量。

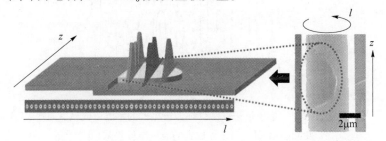

图 8.6　卷曲微管的 SEM 图像（右）及其等效平面介质波导模型的原理图（左），沿着波导方向还展示了具有相同直径的简单环形谐振器的方位向光学模式的仿真分布。

（引自 Li，F.，et al.，Opt. Lett.，vol. 34，p. 2915，2009. 已获授权）

如果 $n_{avg}(z)$ 沿 z 轴的变化相对较小[16]，则分离变量是有效的，并且可以假定电场的形式 $E(l,z) = \varphi(z)\exp(i\beta l)$。这些步骤可以推导出"光子准薛定谔"方程：

$$-\frac{\mathrm{d}^2\phi}{\mathrm{d}z^2} - n_{avg}^2(z)k^2\phi^2 = -\beta^2\phi(z) \qquad (8.3)$$

式（8.3）可以用一般的轴向微扰进行数值方法求解。当 $n_{avg}(z)$ 为抛物线形

179

时,也可以推导出其解析解[16]。式(8.3)的解将是一组在平面波导之内的不同横模间的色散关系,其中每个模式对应于微管不同的轴向模式,用轴向模式数 p 表示。在对波导施加了如下的周期性边界条件之后,可用模式就会减少到一组离散波长:

$$\beta R = m \tag{8.4}$$

式中:m 为一个被称为方位向模式数的整数。例如,对于直径约为 $5\mu m$、平均壁厚约为 50nm 的卷曲 InAs/GaAs 管的不同横模,所计算出的色散关系如图 8.7 的上部分所示。理论计算得出的本征腔模与实验结果非常一致,如图 8.7 的下部分插图所示[17]。

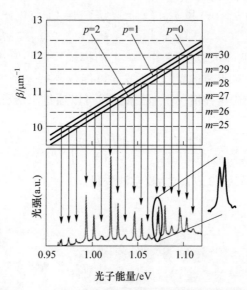

图 8.7　单层量子点微管环形谐振器的室温下光致
发光能谱(下)和计算得到的能谱本征模式(上)
实线—用等效平面介质波导模型计算得到的前三个横向光学模式的分散曲线
($p = 0, 1, 2$);虚线—各个方位向模式的谐振条件($m = 25, 26, 27, 28, 29, 30$)。
实线和虚线的交叉点对应于腔的本征模式。
(引自 Li,F.,et al.,Opt. Lett.,vol. 34,p. 2915,2009. 已获授权)

8.4.1.3　光学谐振模式的控制

相比于其他的光学微谐振器,卷曲管腔的发射特性可以很容易地在器件制造过程中进行定制。首先,用来形成管腔的层状结构可被改造,以决定管的直径(见式(8.1))。与常规环形谐振器的情况一样,直径将在很大程度上决定自由光谱范围(连续方位向模式之间的光谱分离),如下式所示:

$$FSR = \frac{\lambda^2}{\pi n D} \tag{8.5}$$

式中：λ 为谐振波长；n 为有效折射率；D 为微管的直径。

因此，基本谐振模式特征可以在相当大程度上由材料的生长/合成工艺所确定。另一个可调节的重要参数是壁厚，它由光刻所确定，并与形成卷曲管的卷绕圈数相关。壁厚会影响被限制光子的径向模式特性及偏振态。

此外，管腔的轴向模式分布也可以定制。从式(8.3)可以看出，改变沿管腔轴向的平均折射率廓线，就可以改变所得到的光学模式。在器件制造过程中，通过定义台面内部或外部边缘附近的图案，可以可控地改变轴向折射率廓线[16,17]。合理设计的图案能够引起沿轴向的限制，从而使得光学模式受到三维限制。图案的精心调校，可以提供对这些轴向模式之间分离细节的控制。图8.8 所示为在相同的初始双层材料上同时制造的两个 InGaAsP/InAs 量子点管的发光光谱。

第一个管(图8.8(a)上方的光谱)具有两个卷曲层的平均厚度以及浅抛物线状的轴向轮廓(图8.8(b))。它的光谱显示出了锐利、密集的谱峰。第二个管(图8.8(a)下方的光谱)具有较薄的壁，大约一个卷曲层的平均厚度以及尖锐抛物线状的轴向轮廓(图8.8(c))。相应地，谱峰更宽并表现出较大的间距。图8.8(b)、(c)的右侧子图示出了在每种情况下前几个轴向模式的电场。

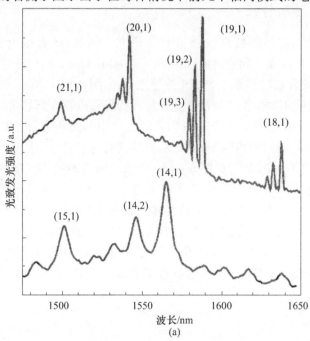

(a)

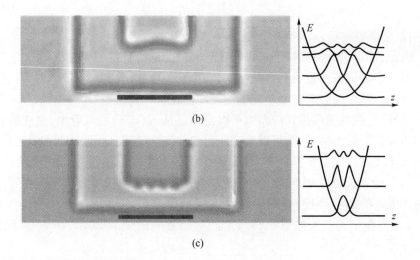

图 8.8 （a）具有抛物线形表面几何形貌，平均厚度分别为两个（上方曲线）和一个（下方
曲线）卷曲层的卷曲微管的光致发光光谱，模式编号是利用等效平面波导模型计算的，
（b）双卷曲层厚微管的由光刻法设计的台面的光学显微图像（左）以及前几个轴向模式的
电场示意图（右），（c）含义与（b）一致，但对应于单卷曲层厚的微管

8.4.2　传输特性

卷曲管光腔的传输特性也被进行了研究。例如，已有报道称卷曲的 In-
GaAs/GaAs 管可以耦合到绝缘硅（Silicon – on – Insulator, SOI）波导之上[48]。在
这些实验中，单管被转移到一个 SOI 波导之上，如图 8.9（a）所示。

管和波导的相对位置使得沿着波导传播的场可以耦合到卷曲管腔的谐振模
式之中。利用可调谐激光二极管对耦合到波导中的波长进行了扫描。如果激
光波长与一个谐振模式相匹配，则光从波导耦合进管腔中，表现为测量到的透
射光谱曲线上的一个凹陷，如图 8.9（b）所示。测得的最小线宽约为 0.01nm，
对应的 Q 因子为 1.5×10^5。透射光谱还采用了绝热的锥形光纤代替 SOI 波
导进行测量。与通常仅支持一个传播偏振的集成波导不同，锥形光纤允许对
激发偏振进行控制。采用这种方法，有文献[59]报道在较厚（约 300nm）壁厚
的 InGaAs/GaAs 卷曲管中，实现了不同偏振（TE 和 TM）模式的选择性激发。
基于管腔对泵浦光的吸收，这种选择性模式激发被进一步用作光 – 光调制系
统的一部分[59]。

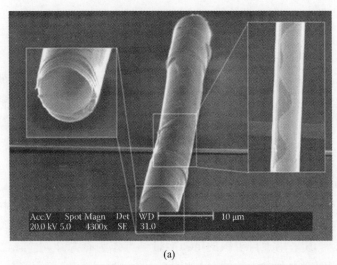

(a)

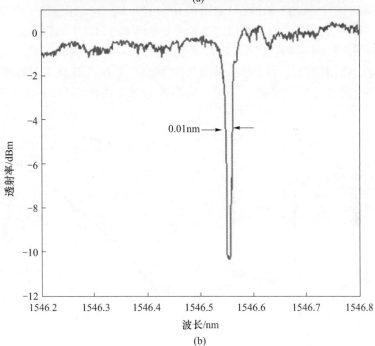

(b)

图 8.9 (a)转移到 SOI 波导之上的 InGaAs/GaAs 管的扫描电子显微镜图像，
(b)精细透射谱呈现出非常尖锐的共振下凹

（引自 Tian,Z. ,et al. ,Opt. Express,vol. 19,p. 12164,2011. 已获授权）

8.5 卷曲管激光器

半导体卷曲管为激光应用提供了若干优点。如前所述,量子阱和量子点可以被嵌入卷曲的半导体管中作为增益介质。此外,卷曲管激光器能表现出受控的偏振和发射方向。另一个优点是受限光电场与增益介质间的大片重叠,从而可能会导致超低的激射阈值。

8.5.1 GaAs 基的卷曲管激光器

卷曲管激光器的首次演示验证是在 InGaAs/GaAs 材料体系中实现的。由 Li 和 Mi 的报道[21]的最初实验中,展示了一个在室温下运行的连续波、光泵浦的管状激光器,其采用了自组织的InGaAs量子点作为有源介质。该器件的发射光谱(激射阈值之上和之下的情况)如图 8.10(a)所示。模式序号是使用等效平面波导模型计算得到的[16,17]。阈值之上的光谱表现出了 1200 ~ 1250nm 波长范围内的多模发射。图 8.10(b)所示为对于激光模式($m=37$)的光 – 光曲线及其相应的线宽。激射阈值估计约为 4μW。考虑到由于管腔的螺旋不对称性会使得谱峰由两个重叠的模式谱峰组成[19],最小激射线宽估计在 0.2 ~ 0.3nm 之间。

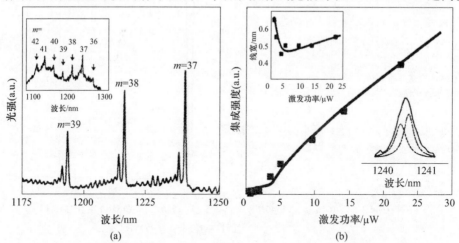

图 8.10　(a)在吸收的泵浦功率约 23μW(高于阈值)测量的 InGaAs/GaAs 量子点微管激光器的发射光谱,在吸收的泵浦功率约 3μW(低于阈值)测量的发射光谱示于插图中,(b)1240.7nm 处的激射模式的积分光强随室温下吸收的泵浦功率的变化曲线,模式线宽随吸收的泵浦功率的变化示于上方插图中,在约 1240.7nm 阈值之上的光学谐振模式的详细视图以及拟合的两个洛伦兹曲线示于了下方插图中

(引自 Li,F.,Mi,Z.,Opt. Express,vol. 17,p. 19933,2009. 已获授权)

184

线宽表现出了随激发功率的增加而加宽,这归因于管的发热[21]。对 InAlGaAs/AlGaAs 管状激光器的时间分辨研究也有报道[22]。该研究中采用 GaAs 量子阱作为增益介质,并采用脉冲激光器在约 10K 温度下对管进行了光泵浦。器件表现出了阈值在 260~595μW 之间、发射波长在 800nm 附近的单模激射。有趣的是,即使在低温下用脉冲泵浦,在高激发功率下还是能够检测到管内的发热,从而导致发射波长的红移。

8.5.2　InP 基的管激光器

最近,一个在电信 S 波段发射的 InGaAsP 管激光器已得到演示验证[66]。该激光器采用 InAs 量子点作为增益介质,在液氮温度下由连续激光进行光泵浦。管状器件具有约 100nm 的壁厚和约 5μm 的直径。在约 0.18μW(低于阈值)和约 5.8μW(高于阈值)测得的发射光谱如图 8.11(a)所示。模式序号利用等效平面波导模型模式得出。图中还示出了从刚生长出的 InAs/InGaAsP 量子点异

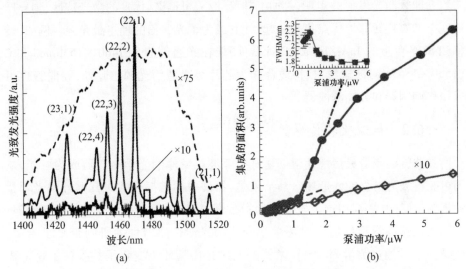

(a)　　　　　　　　　　　　　(b)

图 8.11　(a)在 82K 测量的 InAs/InGaAsP 量子点微管器件的发射光谱,下方(较弱)的光谱对应于小的吸收的泵浦功率 180nW(低于阈值),为提高显示度将其乘以了 10 倍,上方(较强)的光谱测量于高的吸收的泵浦功率约 5.6μW(高于阈值)之下。虚线示出了刚生长出的 InAs/InGaAsP 量子点样品的发射光谱(乘以 75 倍)作为参考,(b)(22,1)模式的光 - 光曲线(实心圆),使用空心菱形绘制了从子图(a)中的矩形框中计算出的自发幅射背景积分值,乘以 10 倍

插图—激射模式的线宽作为吸收的泵浦功率的函数。

(引自 Bianucci,P.,et al.,Self - organized InAs/InGaAsP quantum dot tube lasers,

Appl. Phys. Lett. vol. 101,p. 031104,2012[66].)

质结构中测量的光致发光光谱作为参考。图 8.11(b)所示为标号(22,1)的模式光 – 光曲线,在阈值泵浦功率附近显示出了一个明显的扭转,从中可以推算出阈值功率约为 1.26μW。模式线宽在阈值之上表现出了明显的下降,如图 8.11(b)的插图所示,意味着其增加的时间相干性。最后,自发辐射背景是从 4nm 宽的光谱区域计算的,如图 8.11(a)中的方块所示。背景发射随泵浦功率的变化绘制在图 8.11(b)中,与阈值之上的激射模式发射相比,其表现出了低得多的自发辐射随泵浦功率的增长速率,进一步表明了激射的实现。

8.6 新 兴 应 用

8.6.1 光通信

卷曲管激光发射的实现,再加上其尺寸小、可调谐、优良的激光特性、到异质衬底上的直接转移等优点集合一起,使其成为了光通信的理想激光源。例如,转移到 Si 平台上的 InAs/InGaAsP 管器件,能在光通信的 S(1460～1530nm)和 C(1530～1565nm)波段发射,将适合作为芯片级光通信光源。此外,卷曲管也可以用作调制器和分插滤波器[59]。

8.6.2 微流生物传感器

卷曲管的制造灵活性使得创建具有亚波长壁厚的光学谐振器成为可能,从而可获得大为增强的倏逝场。其结果是,器件中的谐振模式对其壁外的光学扰动极为敏感的(距离由这个倏逝场的指数衰减确定,通常在数百纳米量级)[23],从而为能够检测到环境折射率微小变化的光学传感器件的研制带来了希望。Huang 等[23]通过测量 SiO/SO$_2$ 微管的发射光谱随环境变化函数验证了这一概念。在空气、乙醇、水,以及后两者的混合物中进行的测量表明,介质折射率升高时谐振模的波长向红色移动,模式谱峰加宽。这个特定的演示验证达到了425nm/折射率单位(Refractive Index Units, RIU)的敏感度,具有 10^{-4}RIU 的检测限。

卷曲管的中空几何结构直接表明了其适合于串联到微流体中应用,被测液体可以流经其中空管腔所限定的通道。流体的路由和到微流控系统的耦合已经得到了演示验证[60,61],展示了实现基于卷曲管的集成微流控传感系统的可能性。

8.6.3 光学之外的应用

超出其光学性质之外,卷曲管已被证明有很多其他的应用前景。比如,在导体－介电－导体配置中使用一组应变层,有可能制造出卷曲型的超级电容器。一个 RuO_2 的卷曲微型超级电容器实例已被实现,具有 $7\mu m$ 的直径和 $1.0\mu F$ 的电容量[62]。这些结果表明,相比于现有的具有类似电容量的电容器产品,在尺寸上缩减了两个数量级。将大量的高容量管子组合成一个单一器件,可能会产生具有非凡的电荷保存能力的紧凑型超级电容器。

另一个非常有趣的发展是催化微喷发动机的演示验证[63]。为了这个目的,管结构被设计成稍微有些锥形的(看起来更像一个中空微喷嘴)的样子,并在其内表面配置了一层催化膜(比如铂)。当放置于过氧化氢溶液中,铂的催化作用使过氧化氢分解为水和气态氧,形成微泡。这个微泡随后朝着管子宽的一端移动,并排出管外。排出气体的机械反应推动微管在流体中向前,从而吸入新的过氧化物并保持运动。加入磁性材料到管中,即可通过施加外部磁场来控制管子运动的转向[64]。

最后,卷曲的管状结构也可以用作为细胞生长的支撑架[65],采用生物相容性材料制成的卷曲管已被用于引导酵母细胞的生长,研究它们在受限空间内的行为。

8.7 结　　论

在本章中,简要回顾了半导体卷曲管目前的进展,重点阐述它们的光学特性和应用。讨论了其制造方法,涉及自上而下的图案化以及自下而上的自组装。介绍了对其进行光学性能建模的技术,既有半解析的(等效平面波导模型)也有数值的(有限差分时域法)模型,并讨论了它们的谐振光学特性。从讨论中已经清楚地表明,卷曲管在光谱特性调节上提供了很大的灵活性。微管到异质衬底的转移及进一步与标准 SOI 波导集成的能力,展示了其作为集成光学器件的潜力。超低阈卷曲管激光器也已得到演示验证,展现了用作片上光通信集成激光源的潜力。最后,随着对卷曲管广泛应用的展示,变得显而易见的是,在这个时间点上将卷曲管作为技术或平台来讨论会更加合适,而不仅仅是一个器件概念。

参 考 文 献

1. Chang, R. K., and Campillo, A. J., eds. *Optical processes in microcavities*. Singapore: World Scientific, 1996.
2. Purcell, E. M. Spontaneous emission probabilities at radio frequencies. *Phys. Rev.*, vol. 69, p. 681, 1946.
3. Koch, S. W., Jahnke, F., and Chow, W. W. Physics of semiconductor microcavity lasers. *Semicond. Sci. Technol.*, vol. 10, p. 739, 1995.
4. Peter, E., et al. Exciton-photon strong coupling regime for a single quantum dot embedded in a microcavity. *Phys. Rev. Lett.*, vol. 95, p. 067401, 2005.
5. Bhattacharya, P., and Mi, Z. Quantum dot optoelectronic devices. *Proc. IEEE*, vol. 95, p. 1723, 2007.
6. Poole, P. J., et al. Chemical beam epitaxy growth of self-assembled InAs/InP quantum dots. *J. Vac. Sci. Technol. B*, vol. 19, p. 1467, 2001.
7. Coleman, J. J., Beernink, K. J., and Givens, M. E. Threshold current density in strained layer InxGa(1-x)As-GaAs quantum well heterostructure lasers. *IEEE J. Quantum Electron.*, vol. 28, p. 1983, 1992.
8. Ellis, B., et al. Ultralow-threshold electrically pumped quantum-dot photonic-crystal nanocavity laser. *Nature Photon.*, vol. 5, p. 297, 2011.
9. Van Campenhout, J., et al. Electrically pumped InP-based microdisk lasers integrated with a nanophotonic silicon-on-insulator waveguide circuit. *Opt. Express*, vol. 15, p. 6744, 2007.
10. Liang, D., et al. Electrically pumped compact hybrid silicon microring lasers for optical interconnects. *Opt. Express*, vol. 17, p. 20355, 2009.
11. Reitzenstein, S., et al. Lasing in high-Q quantum-dot micropillar cavities. *Appl. Phys. Lett.*, vol. 89, p. 051107, 2006.
12. Loncar, M., et al. Low-threshold photonic crystal laser. *Appl. Phys. Lett.*, vol. 81, p. 2680, 2002.
13. Chen, R., et al. Nanolasers grown on silicon. *Nature Photon.*, vol. 5, p. 175, 2011.
14. Yu, K., Lakhani, A., and Wu, M. C. Subwavelength metal-optic semiconductor nanopatch lasers. *Opt. Express*, vol. 18, p. 8790, 2010.
15. Li, X. Strain induced semiconductor nanotubes: From formation process to device applications. *J. Phys. D: Appl. Phys.*, vol. 41, p. 193001, 2008.
16. Strelow, C., et al. Optical microcavities formed by semiconductors using a bottlelike geometry. *Phys. Rev. Lett.*, vol. 101, p. 127403, 2008.
17. Li, F., Mi, Z., and Vicknesh, S. Coherent emission from ultrathin-walled spiral InGaAs/InAs quantum dot microtubes. *Opt. Lett.*, vol. 34, p. 2915, 2009.
18. Strelow, C., et al. Spatial emission characteristics of a semiconductor microtube ring resonator. *Physica E*, vol. 40, p. 1836, 2008.
19. Hosoda, M., and Shigaki, T. Degeneracy breaking of optical resonance modes in rolled-up spiral microtubes. *Appl. Phys. Lett.*, vol. 90, p. 181107, 2007.
20. Tian, Z., et al. Controlled transfer of single rolled-up InGaAs-GaAs quantum-dot microtube ring resonators using optical fiber abrupt tapers. *IEEE Photon. Technol. Lett.*, vol. 22, p. 311, 2010.
21. Li, F., and Mi, Z. Optically pumped rolled-up InGaAs/GaAs quantum dot microtube lasers. *Opt. Express*, vol. 17, p. 19933, 2009.
22. Strelow, C., et al. Time-resolved studies of a rolled-up semiconductor microtube laser.

Appl. Phys. Lett., vol. 95, p. 221115, 2009.

23. Huang, G., et al. Rolled-up optical microcavitites with subwavelength wall thicknesses for enhanced liquid sensing applications. *ACS Nano*, vol. 4, p. 3123, 2012.

24. Mi, Z., et al. Self-organized InAs quantum dot tube lasers and integrated optoelectronics in Si. *Proc. SPIE,* vol. 7943, p. 79431C, 2011.

25. Songmuang, R., et al. SiOx/Si radial superlattices and microtube optical ring resonators. *Appl. Phys. Lett.,* vol. 90, p. 091905, 2007.

26. Vorob'ev, P., et al. SiGe/Si microtubes fabricated on a silicon-on-insulator substrate. *J. Phys. D: Appl. Phys.*, vol. 36, p. L67, 2003.

27. Mei, Y., et al. Fabrication, self-assembly, and properties of ultrathin AlN/GaN porous crystalline nanomembranes: Tubes, spirals and curved sheets. *ACS Nano*, vol. 3, p. 1663, 2009.

28. Muller, C., et al. Tuning magnetic properties by roll-up of Au/Co/Au films into microtubes. *Appl. Phys. Lett.*, vol. 94, p. 102510, 2009.

29. Dror, Y., et al. One-step production of polymeric microtubes by co-electrospinning. *Small*, vol. 3, p. 1064, 2007.

30. Prinz, V. Y., et al. Free-standing and overgrown InGaAs/GaAs nanotubes, nanohelices and their arrays. *Physica E*, vol. 6, p. 828, 2000.

31. Deneke, C., et al. Diameter scalability of rolled-up In(Ga)As/GaAs microtubes. *J. Semicond. Sci. Tech.*, vol. 17, p. 1278, 2002.

32. Chun, I. S., and Li, X. Controlled assembly and dispersion of strain-induced InGaAs/GaAs nanotubes. *IEEE Trans. Nanotech.*, vol. 7, p. 493, 2008.

33. Cottam, R. I., and Saunders, G. A. The elastic constants of GaAs from 2 K to 320 K. *J. Phys. C: Solid State Phys.*, vol. 6, p. 2015, 1973.

34. Chun, I. S., et al. Geometry effect on the strain-induced self-rolling of semiconductor membranes. *Nano Lett.,* vol. 10, p. 3927, 2010.

35. Kipp, T., et al. Optical modes in semiconductor microtube ring resonators. *Phys. Rev. Lett.*, vol. 96, p. 077403, 2006.

36. Luchnikov, V., et al. Focused-ion-beam-assisted fabrication of polymer rolled-up microtubes. *J. Micromech. Microeng.*, vol. 16, p. 1602, 2006.

37. Zhang, H., et al. Hybrid microtubes of polyoxometalate and fluorescence dye with tunable photoluminescence. *Chem. Commun.*, vol. 48, p. 4462, 2012.

38. Kumar, K., et al. Fabrication of metallic microtubes using self-rolled polymer tubes as templates. *Langmuir*, vol. 25, p. 7667, 2009.

39. Monti, G., et al. Metallic rings in a self-rolled micro-tube for magnetic field mapping applications. *2010 European Microwave Conference* (EuMC), p. 1385.

40. Thurmer, D. J., Deneke, C., and Schmidt, O. G. In situ monitoring of the complex rolling behaviour of InGaAs/GaAs/nb hybrid microtubes. *J. Phys. D: Appl. Phys.,* vol. 41, p. 205419, 2008.

41. Giordano, C., et al. Hybrid polymer/semiconductor microtubes: A new fabrication approach. *Microelectron. Engin.*, vol. 85, p. 1170, 2007.

42. Tanabe, K., et al. Room temperature continuous wave operation of InAs/GaAs quantum dot photonic crystal nanocavity laser on silicon substrate. *Opt. Express*, vol. 17, p. 7036, 2007.

43. Tong, Q. Y., et al. A "smarter-cut" approach to low-temperature silicon layer transfer. *Appl. Phys. Lett.,* vol. 72, p. 49, 1998.

44. Menard, E., et al. A printable form of silicon for high performance thin film transistors on plastic substrates. *Appl. Phys. Lett.*, vol. 84, p. 5398, 2004.

45. Kim, D. H., et al. Stretchable and foldable silicon integrated circuits. *Science*, vol. 320, p. 507, 2008.

46. Yuan, H. C., et al. Flexible photodetectors on plastic substrates by use of printing trans-ferred single crystal germanium membranes. *Appl. Phys. Lett.*, vol. 94, p. 013102, 2009.

47. Vicknesh, S., Li, F., and Mi, Z. Optical microcavities on Si formed by self-assembled InGaAs/GaAs quantum dot microtubes. *Appl. Phys. Lett.*, vol. 94, p. 081101, 2009.

48. Tian, Z., et al. Single rolled-up InGaAs/GaAs quantum dot microtubes integrated with silicon-on-insulator waveguides. *Opt. Express*, vol. 19, p. 12164, 2011.

49. Chun, I. S., et al. Tuning the photoluminescence characteristics with curvature for rolled-up GaAs quantum well microtubes. *Appl. Phys. Lett.*, vol. 96, p. 251106, 2010.

50. Hosoda, M., et al. Quantum-well microtube constructed from a freestanding thin quantum-well layer. *Appl. Phys. Lett.*, vol. 83, p. 1017, 2003.

51. Mendach, S., et al. Light emission and waveguiding of quantum dots in a tube. *Appl. Phys. Lett.*, vol. 88, p. 111120, 2006.

52. Strelow, C., et al. Three dimensionally confined optical modes in quantum-well microtube resonators. *Phys. Rev. B*, vol. 76, p. 045303, 2007.

53. Bianucci, P., et al. Whispering gallery modes in silicon nanocrystal coated microcavi-ties. *Physica Status Solidi A*, vol. 206, p. 973, 2009.

54. Taflove, A., and Hagness, S. C. *Computational electrodynamics: The finite-difference time-domain method.* 3rd ed. Norwood, MA: Artech House, 2005.

55. Hagness, S. C., et al. FDTD microcavity simulations: Design and experimental realization of waveguide-coupled single-mode ring and whispering-gallery-mode disk resonators. *J. Lightwave Technol.*, vol. 15, p. 2154, 1997.

56. Rodriguez, J. R., et al. Whispering gallery modes in hollow cylindrical microcavities containing silicon nanocrystals. *Appl. Phys. Lett.*, vol. 92, p. 131119, 2008.

57. Snyder, A. W., and Love, J. D. *Optical waveguide theory.* London: Chapman & Hall, 1983.

58. Zhang, K., and Li, D. *Electromagnetic theory for microwaves and optoelectronics.* Berlin: Springer Verlag, 1998.

59. Tian, Z., et al. Selective polarization mode excitation in InGaAs/GaAs microtubes. *Opt. Lett.*, vol. 36, p. 3506, 2011.

60. Thurmer, D. J., et al. Process integration of microtubes for fluidic applications. *Appl. Phys. Lett.*, vol. 89, p. 223507, 2006.

61. Harazim, S. M., et al. Fabrication and applications of large arrays of multifunctional rolled-up SiO/SiO2 microtubes. *J. Mater. Chem.*, vol. 22, p. 2878, 2011.

62. Ji, H., Mei, Y., and Schmidt, O. G. Swiss roll nanocapacitors with controlled proton diffusion as redox micro-supercapacitors. *Chem. Commun.*, vol. 46, p. 3881, 2010.

63. Solovev, A. A., et al. Catalytic microtubular jet engines self-propelled by accumulated gas bubbles. *Small*, vol. 5, p. 1688, 2009.

64. Mei, Y., et al. Rolled-up nanotech on polymers from basic perception to self-propelled catalytic engines. *Chem. Soc. Rev.*, vol. 40, p. 2109, 2011.

65. Huang, G., et al. Rolled-up transparent microtubes as two-dimensionally confined culture scaffolds of individual yeast cells. *Lab Chip*, vol. 9, p. 263, 2008.

66. Bianucci, P., et. al. Self-organized InAs/InGaAsP quantum dot tube lasers. *Appl. Phys. Lett.* vol. 101, p. 031104, 2012.

编者介绍

Lukas Chrostowski 博士是不列颠哥伦比亚大学(温哥华)(www. ece. ubc. ca)电气和计算机工程系副教授。出生在波兰的 Chrostowski 博士获得了麦吉尔大学(蒙特利尔,加拿大)电气工程专业工程学士学位以及加州大学伯克利分校电子工程和计算机科学专业博士学位。他目前感兴趣的研究方向是硅光子学,光电子学,高速垂直腔面发射激光器(VCSEL)的设计、制造与测试,光通信系统,以及生物光子学,发表了 100 多篇期刊和会议论文。

Lukas Chrostowski 博士自 2008 年起担任英属哥伦比亚大学 AMPEL 纳米制造设备的联合主管。他和 Michael Hochberg 教授一起在西雅图华盛顿大学以及光子集成研究所/OpSIS 代工服务机构度过了 2011—2012 年的假期。另外,Lukas Chrostowski 博士是 NSERC CREATE 硅基电子 – 光子集成电路(Silicon Electronic – Photonic Integrated Circuits, Si – EPIC)培训计划(www. siepic. ubc. ca)的项目总监。

Krzysztof(Kris)Iniewski 博士负责管理一家加拿大温哥华创业公司(Redlen Technologies Inc.)的研发工作。Redlen Technologies Inc. 革命性的先进半导体材料生产工艺使新一代更精确的全数字放射成像解决方案成为可能。Kris Iniewski 博士还是 CMOS Emerging Technologies(www. cmoset. com)机构的主席,该机构是一个运营涵盖通信、微系统、光电子和传感器等高科技活动的组织。在他的职业生涯中,曾在多伦多大学、阿尔伯塔大学、SFU 和 PMC – Sierra 公司担任过多个教职和管理职位。他在国际期刊和会议上发表了 100 多篇研究论文。Kris Iniewski 博士在美国、加拿大、法国、德国和日本拥有 18 项国际专利。他是一位经常受邀的演讲者,并为多个国际组织提供咨询。Kris Iniewski 博士为 Wiley、IEEE Press、CRC Press、McGraw – Hill、Artech House 和 Springer 编写和编辑了多本著作,他的个人目标是通过创新工程解决方案为健康生活和可持续发展做出贡献。在他的闲暇时间,可能会在美丽的不列颠哥伦比亚省徒步旅行、驾驶帆船、滑雪或骑自行车。通过 kris. iniewski@ gmail. com 可以联系到他。

本 书 作 者

尼古拉·安德力奥里(Nicola Andriolli)
通信、信息和认知技术研究所(TeCIP)
圣安娜高等技术研究大学
意大利,比萨

巴勃罗·比安奇(Pablo Bianucci)
物理系
康考迪亚大学
加拿大魁北克省,蒙特利尔

皮耶罗·卡斯托尔迪(Piero Castoldi)
通信、信息和认知技术研究所(TeCIP)
圣安娜高等技术研究大学
意大利,比萨

伊莎贝拉·赛鲁迪(Isabella Cerutti)
通信、信息和认知技术研究所(TeCIP)
圣安娜高等技术研究大学
意大利,比萨

M. Hadi Tavakoli Dastjerdi
电气和计算机工程系
麦吉尔大学
加拿大魁北克省,蒙特利尔

Mehrdad Djavid
电气和计算机工程系

麦吉尔大学
加拿大魁北克省,蒙特利尔

沃纳·霍夫曼(Werner H. E. Hof-
mann)
固体物理研究所和纳米光子学中心
柏林技术大学
德国,柏林

Ludan Huang
物理系和电气工程系
华盛顿大学
美国华盛顿州,西雅图

布莱恩·科赫(Brian Koch)
Aurrion 公司
美国加利福尼亚州,戈利塔

保罗·科尔(Paul Kohl)
互连焦点中心
佐治亚理工学院
美国佐治亚州,亚特兰大

Odile Liboiron – Ladouceur
电气和计算机工程系
麦吉尔大学
加拿大魁北克省,蒙特利尔

Lih Y. Lin
物理系和电气工程系
华盛顿大学
美国华盛顿州,西雅图

Zetian Mi
电气和计算机工程系
麦吉尔大学
加拿大魁北克省,蒙特利尔

Pier Giorgio Raponi
通信、信息和认知技术研究所(TeCIP)
圣安娜高等技术研究大学
意大利,比萨

Rajarshi Saha
互连焦点中心
佐治亚理工学院
美国佐治亚州,亚特兰大

罗特·沙玛(Rohit Sharma)
电子工程系
印度理工学院罗巴尔校区
印度,鲁普纳加尔

Wei Shi
电气和计算机工程系
不列颠哥伦比亚大学
加拿大不列颠哥伦比亚省,温哥华

Xu Wang
电气和计算机工程系
不列颠哥伦比亚大学
加拿大不列颠哥伦比亚省,温哥华

Jin – Wei Shi
中国台湾,桃园市中坜区